JN290584

宝石・鉱物 おもしろガイド

辰尾良二

築地書館

さまざまな宝石の原石たち

ダイヤモンド

ルビー

アクアマリン

シトリン

ウォーターメロン

オパール

ヘリオドール

トパーズ

ラピスラズリ

ガーネット

メキシコオパール

日本式双晶

タンザナイト

サファイア

ローズクォーツ

ペリドット

アイオライト

トルコ石

アメジスト

トラピチェエメラルド

さまざまな宝石たち

ダイヤモンド

アクアマリン

ガーネット

ゴールデンベリル

ブラックオパール

ペリドット

タンザナイト

ゴールデンパール

ルーベライト

クリソベリルキャッツアイ

はじめに

高い宝石に見合うだけの蘊蓄《うんちく》を身につけよう

「ダイヤモンドは永遠の輝き」といいます。

これは実際、その通り。本当です。

ダイヤモンドは、地下数一〇〇キロの深さでつくられ、ある程度の大きさになるまでに**数億年もかかる**のです。

私たちが宝石店などで目にした時点で、そのダイヤモンドはすでに永遠の時を過ごしているといっても間違いではないのです。

また、ダイヤモンドは地球上でもっとも硬い鉱物です。きわめて傷がつきにくく、空気中に放置しておいても色が変わったり風化したりすることもありません。

ダイヤモンドはこれからも間違いなく永遠に輝き続けます。


しかしダイヤモンドは、炭素でできていますから、とってもよく燃えます。

それはもうボーボー燃えます。

もともとが炭素なものですから、すべて二酸化炭素になり灰も残りません。

高いお金で買った婚約指輪がもしそんなことにでもなったら、大変です。

しかしダイヤモンドが燃えてしまうなんてことは、家が燃えでもしない限りそうあることではありません。

どうかみなさん、火の元にはくれぐれもご注意を！

そういうわけで、実のところ私はまだダイヤモンドが実際に燃えているところを見たことがありません。

ボーボー燃えるというのもあくまで聞いた話です。

しかし、これらは、**鉱物の知識があれば、すぐ理解できる**ことです。

婚約指輪は給料の三ヵ月分？

もうひとつ「ダイヤモンドは永遠の愛の誓い」ともいいますが、これはどうでしょう？

ふたりの愛をダイヤモンドの永遠性に重ね合わせることはとってもロマンチックなのですが、それを言い出したのは戦後になってからの話。

まだ四〇年もたっていないくらいです。

なぜ婚約指輪なるものが存在するようになってしまったのかというと、もともと日本人にダイヤモンドを売りたくてしょうがなかった宝石業界最大手デビアスの戦略に、我々がまんまと乗っかってしまったというところでしょうか。

「婚約指輪は給料の三カ月分」というのもまったくの策略。

今では広く一般に浸透してしまっていますが、男性にとってこれは脅迫以外の何物でもありませんね。

でも、火のついた恋心がボーボー燃え上がり後は灰も残らない、それもまたアリかなと思ったりもしますけど。

意外かもしれませんが、ヨーロッパには婚約に際して男性が女性に宝石を送るという習慣はありません。

宝石はその家の権力の象徴として代々受け継がれるものであり、ダンナのお母さんがお嫁さんにプレゼントすることが多いのです（別れるときにはキレイに返して、スッキリ別れたいものです）。

宝石の良し悪しは自分で見極めよう

しかし宝石は単純に高い。

高いお金を出して買うのですから、その金額に見合った確かな宝石を手にしなければ、あとあと他人に自慢することもできません。

ところが数ある宝石店の中には、お客さん（店員も）があまり宝石に詳しくないのをいいことに、**品質の悪い宝石を高い値段で**売っている店があります。

もし大切な婚約指輪がそんな石だったなら、悔やんでも悔やみきれません。

以前にはココ山岡事件もありました。

宝石詐欺にあわないためにはほんのちょっと宝石の知識をもてばいいだけです。

そして、もう少し知識をもてば、より価値の高い宝石を手に入れることができるようになります。

宝石は鉱物の一部です。

鉱物としての宝石を知ることができれば、よりその宝石を愛することができるようになります。

宝石の寿命は地球がある限り続きます。

次の世代に残せる石です。

その宝石の性質を知らぬがために傷だらけにして輝きを失わせたり、割ってしまったり、燃やしてしまったりすることのないよう、本書をご活用いただければ幸いです。

これだけは知っておきましょう〜最低限の用語解説〜

◆比重

同じ体積の水の重さに対する、その鉱物（石）の重さのこと。ある石の重さが同じ体積の水の重さの三倍なら、比重は3。石を鑑別する基準のひとつになっています。外見で種類を判断できない鉱物は、比重の違いを用いて判断することが多くあります。例えば、金、黄鉄鉱、雲母は外見が非常に似ていますが、比重が大きく異なります（雲母、黄鉄鉱、金の順で比重大）。

◆結晶、結晶系

分子が規則正しく配列している状態を結晶といいます。結晶は、等軸、正方、六方、斜方、単斜、三斜の六つに分類され、それを結晶系といいます。

◆硬度

モース硬度のこと。

厳密な基準ではなく、モースという名前の学者さんが、「とりあえず10個の石を並べてみて、表面にキズのつきやすい順に1・2・3……9・10と順番をつけてみた」だけのこと。つまり「ひっかきキズの付きにくさ」を表す順番。1〜10まであり、10が一番硬い。

1滑石　2石膏　3方解石　4蛍石　5燐灰石　6正長石　7石英　8トパーズ　9コランダム　10ダイヤモンドの順。

今のところダイヤモンドより硬い鉱物は発見されていません。なお、7と8の間に存在する鉱物が出てきた場合、間にあるということで単純に7・5とつけることになりました。しかし、あくまでも「ひっかきキズ」に対しての順番であって、割れにくさを表すものではないことに注意です。

◆**劈開**《へきかい》

鉱物の割れ方を表す用語。例えば、「スルメイカ」は横には切りにくいが、縦には簡単に裂けてしまう。これが鉱物ならば「劈開は一方向に完全」という。劈開がないものもあり、よく見ないとわからないものは劈開明瞭という。

◆**展性**《てんせい》

その鉱物が持つねばり強さのこと。いくら力を加えても割れることがなく、どんどん延びていく性質。金属鉱物の多くに見られる。とくに金はその性質が著しく、1グラムのものがタタミ1畳ほどにまで延びるといわれます！

守れない人は本書を読むべからず～宝石採集のマナー～

本書にはとっておきの宝の場所がのっています。本当はあまり教えたくないのですが、特別に公開しました。以下の事を必ず守って、楽しい採集ライフをおくりましょう。

1 自然破壊をしない

木を倒さない
大きな岩を動かさない

2 ほかの採集者のことを考える

乱獲をしない
掘った穴は埋め戻す

3 近隣の人に迷惑をかけない

ゴミは持ち帰る
火の始末を完全にする

4 自分自身に責任を持つ

危険な場所には近づかない
立入禁止区域には入らない

宝石の価値、鉱物の価値とは？

天然か合成か

世の中には変わった趣味がたくさんあります。宝石をコレクションすることは、いかに自分がセレブなのかということを他人に自慢できますので、ブランド品コレクションと並んで広く世間に認められています。

しかし、同じ石でも鉱物コレクションとなると世間の理解はなかなか得られていません。一般に鉱物というとすべての石のことを表しますから、ほとんどの人は河原に落ちている石や鉱山などで採掘している鉄鉱石などを想像します。

よって、宝石コレクションには羨望のまなざしが向けられ、鉱物コレクションには「変な趣味」という奇異のまなざしが向けられることになるのです。

宝石だって鉱物の一部です!

鉱物は自然のままの状態をいい、その中でもきわめて美しい石を宝石と呼んでいるだけなのです。いくら世間の目が一八〇度違っていても、集めているものは同じもの、コレクションするにあたって重視することはまったく同じです。

ではそのもっとも重視していることは何かというと、「天然か合成か」これにつきます。

これは鉱物や宝石に興味のない人でもその重要性は理解できると思います。そのとおり、合成宝石に価値はまったくありません。たとえ一〇〇万円支払って買った宝石でもそれが合成ならば価値があると思っているのは自分だけ、きっと周りは大笑いしながら同情のまなざしを向けてくれることでしょう。

もし、海外旅行などで合成宝石を高い値段で買った人がいたとしたなら、その人はとんだスットコドッコイということになりますね。

美しさと産地

このように鉱物や宝石をコレクションするときには、第一に何が何でも天然石でなければならないのです。

次に第二に重視する点ですが、それが「美しさ」です。この「美しさ」から鉱物コレクターと宝石コレクターの基準が違ってきます。

鉱物コレクターの場合は、まず結晶の形がはっきりしていること。次に透明度、そして色。「私はそうじゃない」という方もいらっしゃるとは思いますが、そこはちょっと我慢していただくことにして、まあだいたいこんな順番です。

対して宝石コレクターは、透明度と色が同率首位。石の種類もしくは人によってどちらを優先するかが違うだけ。ちなみに結晶の形はまったく関係ありません。なぜならどの石も指輪やネックレスにするためにカットを施されてしまっているからです。よってその次はカットの美しさということになります。ブリリアントカットやプリンセスカット、これはまったくの好みです。

そして第三に重視する点が「産地」です。とくに私は同じ鉱物でも「日本産か外国産か」を重視します。これは私が日本人だということが最大の理由だと思いますが、同じ考えの方は多くいらっしゃるのではないでしょうか。

また、外国の産地では高品質の鉱物が多量に産出し、人件費も安いことから日本にもじゃんじゃん輸入されてきます。しかし日本産の鉱物は産出量がきわめて少ないことと、高い人件費のため宝石としては現在採掘が行われていません。よって流通していないのです。買うことができない。**自分で採りにいくしか手にする方法がない**のです。よって、日本産の鉱物は希少価値がきわめて高いといえるでしょう。

ただし、日本産の宝石を重要視するのは鉱物コレクターだけ。宝石コレクターには産地などを気にする人はいません（「私は宝石でも産地を気にします」と思ったあなた。あなたはすでに鉱物コレクターですヨ）。宝石店には日本産のものは真珠以外陳列されていませんし、第一、日本で宝石が産出することを知っている人自体がほとんどいないからです。

では、まとめてみましょう。

鉱物コレクターの重要度

1 天然か合成か
天然以外価値なし。

2 美しさ
結晶・透明度・色の順。

3　産地
外国産より日本産（産地と採集日付が絶対必要）。

宝石コレクターの重要度

1　天然か合成か
天然以外価値なし。
2　美しさ
（透明度・色）・カットの順。
3　産地
産地による優劣なし。

このように優先順位をあげてみましたが、宝石店で宝石を見極める場合にはあとふたつ知っておかなければならない重要なことがあるのです。

原石を加工することで価値が出る

まず原石として宝石が採掘された場合、鉱物コレクターならば自然のままの状態がよいのですが、宝石としてカットされるような原石はそのままというわけにはいきません。なぜなら、色があとちょっと濃くなれば価格が一〇〇万円から一〇〇〇万円になるとなれば、それをそのまま一〇〇万円で販売しようと思う人間はひとりもいないでしょうし、一〇〇〇万円で販売できるはずの石にちょっと傷があるだけで、その価格が半分になってしまうとしたら、何とかして傷をなくしたいと思うのが人情というものだからです。

結果、**エンハンスメント**および**トリートメント**と呼ばれる品質向上のための処理技術が発達することになりました。誤解のないように書いておきますが、これらの処理はあくまでも品質を向上させるためのもので、けっしてだますためのものではありません。

石によって違いますが、これらの処理をすることによって初めて商品になり得る宝石もあれば、処理をしたことによって価値が下がってしまう宝石もあります。それらの価値の違いや変化はのちほど詳しく述べさせていただきます。

宝石を買う段階において、なにがもっとも大切かというと、要は消費者が**すべてを知った上で納得して購入できるか否か**なのです。

そのためには、「エンハンスメント処理とはどういうものか」「トリートメント処理とはどういうものか」を必ず知っておかなくてはなりません。

エンハンスメント処理とは？

その石が元々もっている特性（色、クラリティ、耐久性、輝き）を高め、有用性を改善するための処理のこと。

加熱処理、放射線処理、浸含処理が代表的な方法。

加熱処理

その名の通り原石に熱を加えることで、その石の色をより鮮やかにすることができます。ただし、一〇〇〇℃近くまで温度を上げますので、ご家庭でお気軽にというわけにはいきません。

この処理はルビーとサファイアで多く行われています。「えー、これが赤？」というどす黒い赤を鮮やかな赤に変えてしまいます。また青なのかグレーなのかわからない色のサファイアをすっきりとした青いサファイアに変えます。

放射線処理

放射線をあてます。って、そのまんまなのですが、コワそうなのでその場に立ち会ったことはありません。「何ミリレム照射、ファイアーッ！」って言ってそうだし（そもそもミリレムって何？）。

この処理も色を変える処理です。たとえばトパーズに放射線をあてるとブルートパーズになります。また、発色をじゃましているインクルージョン（内包物）を目立たなくさせることにより、その色をより際だたせることができます。

浸含処理

本来美しいはずの石がクラック（ひび割れ）のため、そのままでは見ていられないくらいの状態で産出することがあります。そのような悲しい石を救う方法として浸含処理があります。浸含処理はそのクラックにオイルもしくは樹脂を浸透させ、目立たなくさせると同時にその石の強度も確保します。まるで女性のお化粧のような処理ですね。クラックの目立たなくなったお顔ならとってもよいのですが、強度の確保されたお顔はちと怖い気がいたします。

トリートメント処理で価値はゼロ

その石の特性を高めるのではなく、本来もっていない別の性質（ほとんどの場合が色）を与えるための処理がトリートメントです。

エンハンスメント処理のように何種類もの方法があるわけではありません。

そしてこれがもっとも重要なことなのですが、トリートメント処理を受けた石はその時点で天然石とは認められなくなります。よって価値はまったくのゼロになるのです。この事実は絶対に憶えておいていただきたいと思います。

このトリートメント処理を施される石にはどんな石があるのかというと、実はそのほとんどがダイヤモンドなのです。無色のダイヤモンドに青色を着色しブルーダイヤモンドにすると、それはそれは美しく見えます。いくら天然石でなくなるとはいえ、その美しさに価値を見いだす人がいても誰も文句は言いますまい。

現在、一般的な宝石店で販売されているブルーダイヤモンドは、ほとんどがトリートメント処理を受けています。もちろん正真正銘天然のブルーダイヤモンドもあるのですが、それらはゼロが七個も並ぶようなシロモノですので目にすることすらあまりありません。銀座にでも行けばお目にかかることはできるのではないかと思いますが、そうするとゼロがもう一個くらい増えているかもしれません。

話がブルーダイヤモンドに行きっぱなしになってしまいましたが、トリートメント処理を受けますと天然宝石とは見られなくなってしまうという、ただそれだけのことでございました。

以上のように宝石が私たちの目に触れるまでには、**様々な手が加えられている**ことを知っておかなければなりません。

これらのことをふまえ、ひとつひとつの石を詳しく解説していきましょう。

CONTENTS

CONTENTS

CONTENTS

CONTENTS

1

ダイヤモンド

ダイヤモンドの原石

炭と同じ炭素からできているとは信じられないくらい似ても似つかない石がダイヤモンドです。

またダイヤモンドはモース硬度が10という地球上でもっとも硬い鉱物としても有名。

思い違いしやすいのですが、「硬い」とは「ひっかき傷のつきにくさ」を表しているもので、けっして「割れにくさ」を表しているわけではありません。

試しにハンマーでポンと叩いてみていただければ、思った以上に木っ端みじんに砕け散るそのさまに、目の玉が飛び出るというステキな体験もできます。

ダイヤモンド

Diamond

20世紀のカット技術が生んだ宝石の王様

鉱物名	**ダイヤモンド**
日本名	**金剛石《こんごうせき》**
語源	**ギリシャ語のアダマス（征服されざる）**
化学式	**C**
比重	**3.5**
色	**無色、黄、ピンク、青、緑、紫、茶、灰、黒**
結晶系	**等軸晶系**
結晶	**正八面体、立方体など**
硬度	**10**
劈開	**1方向に完全**

ダイヤモンドの起源としてもっとも古いものは、旧約聖書の出エジプト記に出てきます。その中に紀元前一二〇〇年頃と思われる記述がありますので、きっとそのころにはダイヤモンドは発見されていたのでしょう。

しかし、硬すぎてカット研磨ができなかったことと、原石のままではさほど美しく見えないことから何千年も宝石として取り扱われることはありませんでした。現在のように宝石として珍重されるようになったのは、今からわずか三〇〇年前。ルビーやエメラルドよりも高価な宝石となったのは**二〇世紀に入ってから**のことなのです。

ダイヤモンドの産地

紀元前八〇〇年頃には**インド**でお守りとして尊ばれており、一七二五年にブラジルで新たに発見されるまでインドが唯一の産地でした。

現在ダイヤモンド鉱山は世界各地に数多くありますが、その中でも有名な産地は、南アフリカ、ロシア、オーストラリアです。

南アフリカは現在でも世界第五位の産出量を誇り、採掘のために空けられた巨大な穴はまるで隕石が落ちた後のクレーターのようです。

ロシアでは旧ソ連時代の一九五三年に鉱床が発見されました。産出するダイヤモンドはすべて一カラット以下（メレダイヤと呼んでいます）の小型のものばかりですが、現在世界第二位の産出量があります。小型のダイヤモンドではあまり大したことがないように思えますが、デビアスが売り出した「スイート10ダイヤモンド」「マイルストーンダイヤモンド」はこのロシア産のダイヤモンドに対抗するためのものだといわれています。

そして産出量第一位がオーストラリアです。とくにアーガイル鉱山では世界で唯一ピンクダイヤモンドを産出しています。

日本での産出は長らく確認されていませんでしたが、二〇〇七年、愛媛県でついに発見されました。目に見えるサイズじゃないけれど。

ダイヤには鑑定書がつく

ダイヤモンドは鉱物としてよりも宝石としての価値のほうが圧倒的に高い宝石です。たとえばルビーの原石をカット研磨すると、その価格が一〇倍になるとしたら、**ダイヤモンドは一〇〇倍になります！**

また、品質の基準が細かくかつ明確に分けられているところも、ほかの宝石とは一線を画しています。

ダイヤモンドがほかの石と決定的に違う扱いを受けているその代表的なものに「**鑑定書**」がありますが、これはダイヤモンドだけに発行されるもので、ダイヤモンド以外の宝石には決して発行されません。

ほかの宝石に発行されているものは「**鑑別書**」と呼ばれ、記載事項は鑑定書と明らかに異なっています。鑑別書が鑑別しているものは何かというと、基本的には「天然か合成か」だけで、大きさや色その他にはほとんどふれていません。

ルビーやサファイアなどの色石は、それぞれの好みもあり価値は千差万別。重要なことは「天然か合成か」ということだけですから、鑑別書で十分だとは思います。が、しかしあのご立派な鑑別書を開いても、そこには「この石は天然だよー、よかったねー」と書いてあるだけなのはちょっと寂しいかなと思ったりもします。そのくせ作成を依頼すると一万円以上も取られるんですから、「なんだかなー」な感じです。

話を鑑定書に戻します。ダイヤモンドは色石と違い天然であることが大前提にあります。そしてその上で品質の良し悪しが価格を決めていますから、どうしてもその石の品質を鑑定する鑑定書が必要になるのです。

しかし、同じダイヤモンドでも鑑定書が発行されるものは限られています。ダイヤモンドならば必ず鑑定書というわけにはいきません。

では、鑑定書が発行されるダイヤモンドはどういうものかというと、まず婚約指輪などのような一個石であることです。鑑定はひとつひとつの石に対して行うものですから、複数個の石をもつデザインリングなどに鑑定書は発行されません。代わりに鑑別書が発行されます。

次に一個石でも、ある程度以上の価格を期待できない石には鑑定書がつきません。正確にいうと、わざわざ鑑定書を発行したりしません。鑑定書は宝石店が専門の機関に依頼して発行してもらうもので、鑑別書と同様一万円前後の金額がかかります。要するに一万円の石に一万円の鑑定書をつけても割が合わないということなのです。

しかしそれはあくまでも宝石店の判断。一〇万円の石に鑑定書をつけている店もあれば、五〇万円の石でもつけていない店もあります。鑑定書がないからといってニセモノというわけではありません。別料金を支払えばちゃんと発行してもらえます。

4Cを知らずしてダイヤを買うなかれ

高いお金を支払ってダイヤモンドを購入するときには、やはり鑑定書の有無は気になるところです。

しかし、その中に書いてある内容が理解できなかったり、ひとつの項目にとらわれてしまっていては良いダイヤモンドを手にすることはできません。
ダイヤモンドの品質を決定するのは四つのCです。

四つのCとは①カラット②カラー③クラリティ④カットのことを指しています。これらの単語の頭文字が、すべてCであることから4Cといわれています。この4Cを総合的に判断し、美しい輝きと希少性をもった石が高品質のダイヤモンドとなります。

1 カラット *Carat*

これは石の重さを表し、〇・二グラムを一カラット（1cts）としています。婚約指輪はだいたい〇・三〜〇・五カラットが相場のようですが、大きなお世話ですよね。

ダイヤモンドでは**一カラットがひとつの壁**となっており、一カラットを超えた瞬間、価格は急激に跳ね上がります。

理由としては、カット研磨し宝石にしたとき、一カラット以上になる原石がなかなか採掘されないため、希少価値があるからです。一カラットまでは重さが二倍になれば価格も二倍になっていきますが、一カラットを超えると二倍の重さに対して価格は四倍になると思っておいて間違いはないでしょう（もちろん同じ品質の石で比べた場合です）。

このようにダイヤモンドにとって一カラットという重さには大きな意味があるのです。

新聞の折り込みに「激安一カラット」なる広告をたまに見かけますが、実際には〇・九九カラットだったりして、がっかりすることがしばしばあります。〇・九九カラットと一・〇〇カラットの差はとてもでかいのです！　四捨五入して一カラットではあまりうれしくありません。

2 カラー *Color*

ダイヤモンドには非常に多くの色があり、それぞれ色に見合った評価が与えられています。もっとも一般的なカラーグレードは無色から薄い黄色までを表す基準で、D～Zまでの二三段階で表されています。四つのCの中ではもっとも広く知られている品質基準です。

まったくの無色をDカラーとし、このDカラーを頂点として以下E・F・G・H……としだいに黄色みがかってきます。

また、ある程度以上の濃さ（黄色の場合はZ以降）のカラーがついた石は「ファンシー」と呼ばれるようになり、D～Zまでのカラーグレードからはずれ独自の道を歩み始めます。ファンシーグリーンやファンシーピンクなどはその代表です。ちなみに鑑定書のカラーグレードには、「グリーン」「ピンク」と記載されます。

それにしてもダイヤモンドにとって**黄色はあまりありがたがられない**ようです。ほかの色ならばすぐにファンシーになってしまうのに、黄色だけはD～Zのカラーグレードに分けられてしまい、ファンシーイエローと呼ばれるためには本当に濃い黄色でなければなりません。レモンイエロー程度ではまだダメです。もうオレンジかというくらいにならないとファンシーにはなりません。

でも仕方がないですよね、黄色には希少性がありませんし、単に黄色っぽいだけでは黄ばんだダイヤモンドにしか見えませんもの。黄色だけはなかなか現実から離れられないようです。

3 クラリティ *Clarity*

インクルージョン（内包物）の含有の程度のこと。実際問題としてダイヤモンドの価値の大半はこのクラリティで決まります（断言！）。カラーよりもこちらを重視しましょう。

クラリティは高品質のものから順に、F・IF・VVS1・VVS2・VS1・VS2・SI1・SI2・I1・I2・I3と一一段階に分かれています。カラーグレードならばZカラーでも商品になりますが、クラリティがI2以下ではとても商品になりません。パッと見ただけでも、見ていられないくらい濁っています。

極端ではありますが、DカラーのI2クラスとZカラーのVS2クラスでは後者の方が価値は高くなります。実際にはクラリティが上がるとカラーもよりDカラーに近い石しか宝石店では扱わなくなりますから、ZカラーのVS2クラスにお目にかかる機会はあまりありません。

あまり知られていませんが、**インクルージョンには二種類あります**。ひとつはカーボンインクルージョン、もうひとつは気泡およびクラックです。

この両者ともIクラスとなれば肉眼でも確認できるのですが、カーボンインクルージョンの場合は輝きにほとんど影響がありません。なぜなら小さな点にしか見えないインクルージョン以外の部分は、VVSクラスといえるくらいの透明度をもっている場合が多くあるからです。

それに対し、気泡やクラックはダイヤモンド全体を白く濁らせてしまいます。これでは輝きもヘッタクレもありません。ただのＩクラスです。

このようにＩクラスのダイヤモンドでもインクルージョンがカーボンならば、石自体の輝きは十分楽しむことができます。

このような石を指輪にする場合は、リングの爪の部分でそのインクルージョンを隠すのです。そうするとどんなに目を凝らしてみても、その石が**Ｉクラスだとは誰にもわかりません**。

しかも、鑑定書にはしっかりＩクラスと記載されている訳ですからお値段もお手頃。あくまでも石を楽しむのならばこれは「買い」かもしれませんね。

4　カット *Cut*

ブリリアントカット、プリンセスカット、ステップカット、ローズカットなど、カットの種類はとても多くありますが、この場合はカットの種類をいっているのではなく、それぞれのカットの出来不出来を表しています。ほかのＣとは違いカットだけは職人さんの技術を表しているといってよいでしょう。ただし、職人さんも人間。人情として美石には美カット、駄石には駄カットとなりがちですので、ほかのＣに比べそれほど神経質になる必要はありません。

カットの評価基準は上から順にエクセレント、ベリーグッド、グッドの三段階に分けられています。最近は一九四面体など非常に多くのカット面を造る技術が発達したため、エクセレントよりもっと優秀ですよという意味で、ダブルエクセレントやトリプルエクセレントと表示してありますが、エクセレントはエクセレントです。

またこの評価基準はけっして美しさを決定しているものではありません。ダイヤモンドの美しさは「虹色の分散光」「きらめき」「強い輝き」のバランスで成り立っています。このバランスは職人さんが決める角度により微妙に変化し、分散光をより多く出すと輝きが多少犠牲になるなどすべてを最高にもってくることは不可能なのです。しかし石により「**分散光・きらめき・輝き**」のどれが優先されているかは鑑定書にもどこにも書いてありませんから、これだけは自分が美しいと思った石を自分の好みで選んでください。もちろん、もともと品質の劣った石にいくら優れたカットを施しても「美しい輝き」は得られません。

以上のようにダイヤモンドのグレードは４Ｃにより複合的に決定されますが、この中で客観的に判断できるものはカラットしかありません。そのため鑑定士の資格には非常に厳しい試験が課せられていますし、実際に鑑定するときも極力客観性をもたせるため多くの決め事を守らなくてはなりません。たとえば、ルーペは一〇倍のものを使わなければなりませんし、鑑定の時間・太陽の方向・ダイヤモンドを置く向き・気象条件も決まっています。鑑定はその上で体調を万全にして行わなければなりません。

このように極力主観を排除して鑑定される４Ｃですが、この中の何を優先するかにより同一のダイヤモンドでも金額は異なります。その優先順位として私は①クラリティ②カラット③カット④カラーの順で毎回判断するようにしています。

カットの種類で表情が変わる

ダイヤモンドのカットには非常に多くの種類があります。カットの種類により同じ石でもまったく違った石に見えるのです。次はその中でもよく知られている代表的なカットを四種類紹介します。

ブリリアントカット

ファセット（カットした面のこと）を五八面以上もつカット方法をブリリアントカットと呼んでいます。細かい決めごとはいくつかありますが、ブリリアントカットといわれて誰もが思い浮かべることは**五八面体**であるということでしょう。

普通ブリリアントカットといえば、上から見て丸くなっているカットのことと思われがちですが、正確にはそれはラウンドブリリアントカットと呼ばれています。そのほかにも、楕円形のオーバルブリリアントカット、アーモンド型のマーキスブリリアントカットなどがあります。

ブリリアントカットの原型は一六〇〇年代中頃に発明されました。このカットはダイヤモンドの美しい輝きを引き出すことのできる画期的なもので、現代まで改良が加え続けられ一九四面体なるものにまで発展しています。そんなにファセットを増やしてどうするんだという気にもなりますが、並べて比べてみると五八面体に勝ち目はなさそうです。

このカットの最大の利点は、**美しい輝きを最大限に引き出せる**ことで、多少品質の劣る石でも十分美しく輝かせることができます。

しかし、大きな欠点もあります。それは原石のロスが非常に大きいということ。ブリリアントカットを施す場合、その原石の損失は五〇パーセントもしくはそれ以上になります。一・五カラットの原石からは〇・七カラットしか取り出せません。

意地悪な言い方をするなら、品質の劣る石は原石を半分以上ロスしてもブリリアントカットにしなければ商品になり得ないということです。

プリンセスカット

このカットの見た目上の特徴は四角形であるということです。正方形もしくは長方形にカットされた石は指輪やネックレスに加工する場合、並べても隙間があかないためとても綺麗に石をセッティングできます。

プリンセスカットが発明されたのは一九七〇年代後半で、非常に歴史の浅いカットの方法です。

このカットは形は四角形ですが、面の取り方がブリリアントカットを変化させたものであるため、ブリリアントカットと同程度の強い輝きを出すことに成功しています。

またプリンセスカットは厚みがあり色を濃く見せることのできるカットであるため、カラーグレードが低いと黄色みがより強く感じられます。一個石の場合にはファンシーイエローに多く用いられるカット方法でもあります。

プリンセスカットの最大の利点は**原石のロスが非常に少ない**ところにあります。一・五カラットの原石から一カラットを取り出せるのですから、同品質のほかのカットと比べて価格に割安感もでてきます。

もちろん欠点もあります。プリンセスカットは厚さを大きく取るカット方法ゆえ、同じカラット数のほかのカットと比べると少し小さく見えてしまいます。また、角が非常にシャープであるため、丁寧に取り扱わなければすぐにエッジが欠けてしまうのです。

ステップカット

一般的にエメラルドカットと呼ばれているカットの方法です。正確にはエメラルドシェイプステップカットといい、その石がもつ本来の美しさを楽しむためのカットです。そのためブリリアントカットのようなギラギラ感がなく、**品のある清楚な印象**を与えてくれます。

このカットの最大の利点でもあり欠点でもある点は、その石の本当の姿が見えてしまうところです。ステップカットにおいては素材の欠点を隠すことができません。よって品質の高い石でなければこのカットに耐えることができないのです。加えて石自体を楽しむわけですから、ある程度以上の大きさがないと見た目に寂しくなってしまいます。

ステップカットを選ぶ場合は、グレードが高く最低でも一・五カラット以上ある石をお勧めいたします。しかしこれでは、いったいいくらになってしまうのか、それを考えるとちょっとイヤですね。

ローズカット

一五〇〇年代に生まれたこのカットは、約一〇〇年前に生産が中止され、現在ではアンティークとして価値の高いカット方法です。

以前、三〇代のご婦人がお母様の形見分けの品だといって大きなダイヤモンドのついた指輪をもっていらっしゃったことがありました。その方がおっしゃるには、「一応ダイヤモンドとは聞いているけれど、汚いしチャチいし全然輝かないし、本物かどうか見てほしい」とのことでした。

確かに二カラット以上の大きさが、逆にそれをガラス玉のように見せていました。

鑑定結果は本物。そしてカットがローズカットでした。

「汚いしチャチいし全然輝かない」

そう、ローズカットはそういうカットなのです。ブリリアントカットの輝きに慣れている現代の基準から見れば、ナンジャコリャというようなカットなのですが、最低でも一〇〇年前のダイヤモンド、その歴史を感じさせるカットとしてローズカットは忘れてはならないカットです。

このご婦人は、もし本物だったならばカットし直すつもりでいらっしゃったのですが、そんなに歴史のあるものならということで、このまま大切に保存されることになりました。めでたしめでたし。

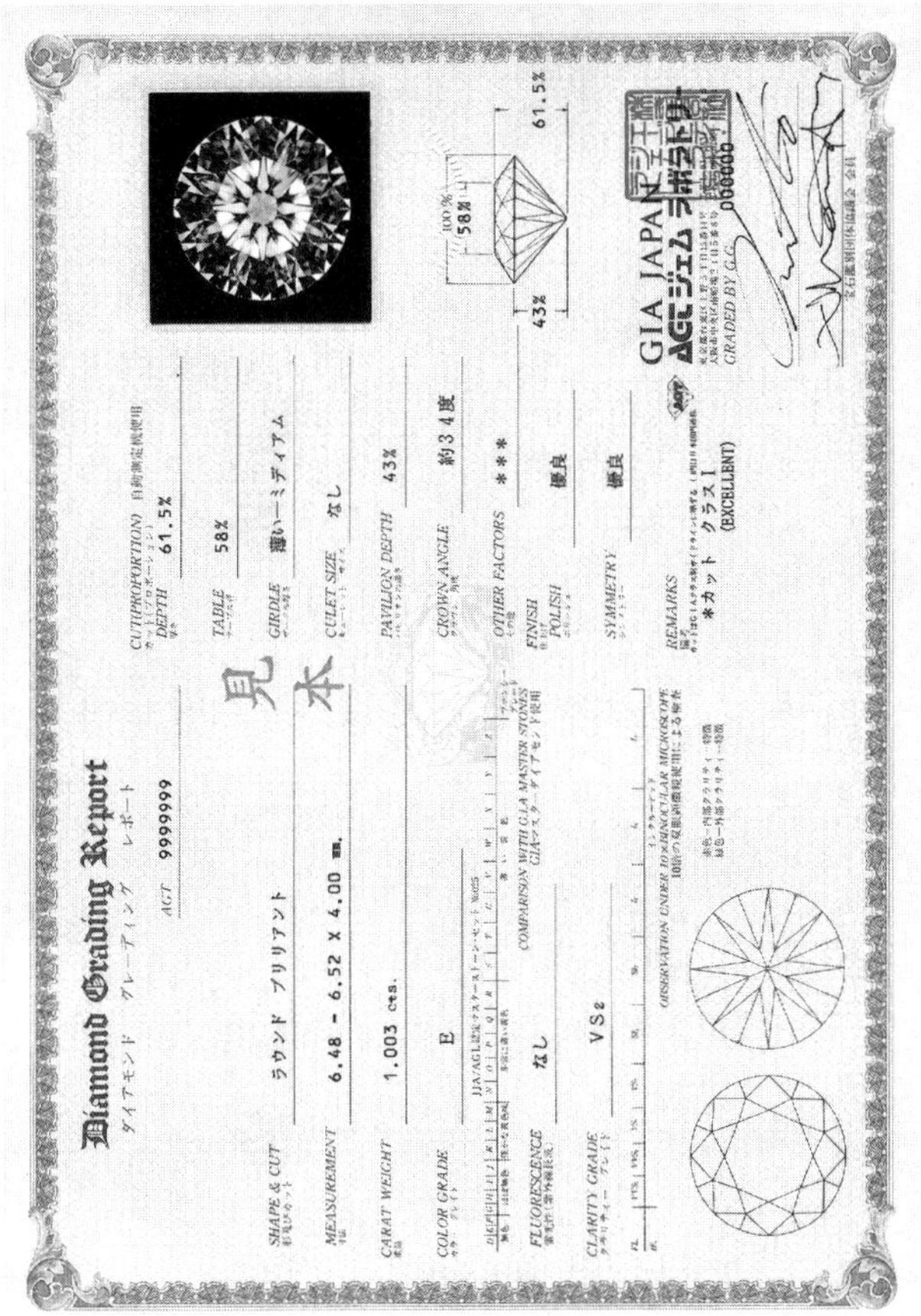

ダイヤモンドの鑑定書

（AGTジェムラボラトリー提供）

＊

その男性はいいカモだったのですね。その石は総合的に見るととても割高で、4Cを知る客ならば間違ってもその値段では買わないものだったのです。

男性がその事実を知ったのは、10年後のこと。

すでに10年も経過していたため宝石店に対してどうのこうの思ったりすることはありませんでしたが、そのときの自分の無知さ加減と「Dカラー Dカラー」と言い張っていた姿を思い出すたびに、恥ずかしくて顔がポッと赤くなるそうです。

現在このようなお店はあまりないと思いますが、悪いのは「Dカラー＝最高品質」と思い込んでいたこの男性でしょう。この男性に起こったことはまぎれもなく「Dカラーの悲劇」といえます。

あーあ、若かりし頃とはいえバカだったなあ。

Dカラーの悲劇

あまりダイヤモンドに慣れていない若い女性やダイヤモンドをまったく知らない男性でも、カラーグレードならば知らない人はほとんどいないでしょう。

そんなふたりが婚約指輪にダイヤモンドを選ぶとき、まれに悲劇が起こります。

これはある男性が実際に経験したとても悲しい物語です。

＊

その男性が恋人ととうとう婚約するというとき、それを知った親戚や友人は「婚約指輪ならダイヤモンドだよ」と親切に教えてくれました。

男性は教えられたとおりダイヤモンドを選ぶことにしたのですが、残念ながらダイヤモンドの選び方を知りません。

宝石店で訊くと騙されてぼったくられると思ったその男性は、当然のことながら親戚と友人にダイヤモンドの選び方を訊いたのです。

「ダイヤモンドはねえ、Dカラーが一番いい石なんだよ」

親戚や友人が皆口をそろえていいました。

「『Dカラー』か」

男性は愛する恋人に最高のダイヤモンドを贈るべく、子供のお使いのように「DカラーDカラー」とつぶやきながら宝石店に向かいました。

店員からいろいろ勧められるダイヤモンドを無視して、男性はDカラー以外は絶対ダメだと言い張ります。

当然この時点で男性の無知は見抜かれており、店員はカラーグレード以外は品質の劣ったダイヤモンドを用意します。

「よくご存じですねー、Dカラーは最高品質なんですよ」という店員の言葉に気をよくした男性は、もうそれ以外のものは目にも耳にも入りません。

「Dカラーですと最高品質なものですから、お高くなりますよ」という店員の言葉に、「最高品質なんだから高くて当然」と、後は店員に言われるがままダイヤモンドを購入してしまいました。

2

コランダム

サファイアの原石

鉱物としてコランダムという石のグループに属しているのが、ルビーとサファイア。

ルビーといえば、赤。サファイアは青というイメージ。

純粋なコランダムは無色なのですが、その結晶の中にクロムが入り込むことで赤い色が現われます。

鉱物的には少しでも赤ければルビーと呼んでも不都合はありませんが、いったん宝石として売り出そうとした場合、中途半端な赤ではルビーと呼ぶわけにはいきません。ピンクではダメ。ハッキリとした赤、誰が見ても納得できる赤だけがルビーとして売り出される資格をもつのです。

では、赤以外の色のついたコランダムはどうなってしまうのでしょうか？

実はそれらの石がサファイアなのです。

ルビーとサファイアはコランダムという同じ石の色違いでしかありません。要するにコランダムは赤だろうが青だろうが、色がつけばそれはそれは美しい宝石になるということなのですね。

ルビー

赤ければ赤いほど価値が高い

鉱物名	**コランダム**
日本名	**鋼《こう》玉《ぎょく》**
語源	**ラテン語のルベウス（「赤」の意味）**
化学式	**Al_2O_3**
比重	**4～4.4**
色	**赤**
結晶系	**六方晶系**
結晶	**六角柱状、板状、樽型（産地により異なる）**
硬度	**9**
劈開	**なし**

赤、赤、赤。

赤い宝石といえばこれはもうルビーしか思いつきません。もちろん赤い宝石はほかにもいくつかありますが、その知名度と価値においてルビーは群を抜いています。

ルビーは命の象徴だった

ではなぜ赤でなければルビーと呼んではいけないのでしょうか。「微妙な赤でもダメ」というのでは少し厳しすぎるような気もするのですが……。

その理由はルビーの歴史にありました。その昔から（といっても遥か昔）、赤いルビーは病気を治す力、命を活性化する力をもつお守りとして身につけられてきました。

なぜお守りになったのか。それは「ルビーが血の色をしていたから」という理由以外にありません。血は命の源、その血と同じ色をしたルビーは命の象徴だったのです。

確かに、命の象徴であるルビーの色がピンクだったり、微妙な赤では病気を治すどころか、反対に元気な人が病気になってしまいそうです。ですからルビーは赤でなければ意味がないのです。

医学の発達した現代では、さすがに病気を治す石ということは、パワーストーンファンなど一部のコアな人々の間でしか信じられていませんが、赤い色に対する信仰だけは現代でもますます強くなるばかりです。

その証拠に現在もっとも高級とされるルビーは「ピジョンブラッド（鳩の血）」と呼ばれ、ダイヤモンドよりも遥かに高い金額で取引がされています。

よって、ルビーは赤ければ赤いほど、血の色に近ければ近いほどその価値を高めます。ただし、血の赤とはいってもそれはあくまで動脈血の鮮やかな赤のことで、静脈血のドス黒い赤ではあまりよしとされていません。

さて、ここでひとつ疑問を感じた方がいらっしゃるのではないでしょうか。それは「ルビーってそんなに昔からルビーってわかっていたの？」という疑問です。確かにそのとおり、科学の発達していなかった時代は赤ければすべてルビーだったのです。

ルビーはコランダムグループの一員でサファイアと同じ石。化学的には酸化アルミニウムだなんて、昔の人にはわかりっこなかったのですからこれは仕方がありません。

一八世紀に入り化学的な解明が進むと、これまでルビーと信じられてきた石が実は違う種類の石だったということがわかってきました。

とくにルビーにそっくりな石として一七八三年に「スピネル」という石が最後にルビーから分離され、これでようやくルビーは化学的にも独立した石となったのです。

ここでひとつマヌケなお話を。

大粒のルビーとして有名なエリザベス女王の「ティムール・ルビー」と、同じくイギリス王室の大礼用王冠（インペリアル・クラウン）の主石に使われている「黒太子のルビー」が実は「スピネル」だったのです。

当然、当時の王室関係者は「ガチョーン」という感じだったと思われますが、私たち庶民にはハートウォーミングなお話ですよね。

話はそれますが、かわいそうなのはスピネル。この一件以来スピネルには「まがい物」のレッテルが貼り付けられてしまいました。確かにそれまでも青いスピネルはサファイア、透明なスピネルはダイヤモンドとして売られてきた歴史があるため、それがスピネルの運命なのかも。

しかし、それらの宝石と間違えられるくらい美しいスピネルは、れっきとした天然宝石。指輪になって売り出されても何の問題もありません。もし、どこかで見かけることがあったなら（宝石店で見かけることはほとんどないのですが）、どうか温かい目を向けてあげてください。

ルビーの産地

ミャンマー（旧ビルマ）

ビルマルビーといえば、もうその時点で最高品質のルビー「ピジョンブラッド」を意味しています。ただの赤ではなく薄い薄い薄いシルクのベールをまとったようなその色は**世界中の宝石ファンを魅了**してやみません。

しかし、色はあくまでも個人の好み。「私はあの色が嫌い」という方もいらっしゃるかもしれません。ピジョンブラッドは最高品質というよりも最高希少ルビーといった方がより正確といえるでしょう。ピジョンブラッドはその希少性が最大の価値なのです。

ルビー鉱山はミャンマーにいくつか存在していますが、その中でピジョンブラッドが産出する鉱山は北部にあるモゴック鉱山だけ。近郊の鉱山からは似たようなものの産出はありますが、ピジョンブラッドと呼べるものは今のところ産出していません。

ピジョンブラッドは別の国からの産出が確認されるまで、ルビーの最高峰として君臨し続けることでしょう。

では、ほかの鉱山から産出するルビーは全然ダメなのかというと、そうではありません。あくまでもピジョンブラッドではないというだけで、立派なルビーであることに変わりはないのです。そのようなミャンマー産ルビーは、けっしてビルマルビーと呼ばれることはなく、他の国のルビーとひとまとめにされ、単なるルビーとして世界中に出荷されていきます。

ただ、ミャンマー産ルビーの特徴として、紫外線を当てると蛍光するという性質があります。ほかの国のルビーにはそれがありません。宝石店に並ぶルビーに紫外線を当て蛍光したなら「ミャンマーから来たんだな」と遠く思いをはせることができるでしょう。

タイ

タイは現在でもルビーを産出するというより、ミャンマーから持ち込まれたルビーを加工する所として有名です。

タイ産のルビーは、ミャンマー産に比べ色が悪く、初めのうちはほとんど重要視されていませんでした。しかし、一九六〇年に起こったビルマの政変によりビルマからの産出が激減したことと、加熱によるエンハンスメント技術が発展したことで一気にシェアを伸ばし、現在では世界の五〇パーセントを占めるまでになりました。

このエンハンスメントを受けたルビーは一見美しく見えますが、ルーペでよく見てみるとクラックが熱で溶けたような跡があったり、加熱の際に使用する薬品がクラックにガラス状に残っているものが見える場合があります。また、強く加熱されたものは耐久性を失い、それらはのちにクレームの対象になることが多くあります。

これらの石はその美しさに対し割安感がありますが、やはり宝石としての価値は低いものです。

ルビーの種類

ピジョンブラッド

先程も述べましたが、ピジョンブラッドだけは別格なのです。なぜモゴック鉱山産のルビーだけがそうなってしまうのかもよくわかっていません。ほかの国から同じピジョンブラッドが産出されない限り値段が下がることはないでしょう。元々宝石なんて希少価値だけで値段がついているようなものですから、さらに、もしモゴック鉱山が枯渇してしまったらこれはもう恐ろしいことになってしまいそうです。

スタールビー

スタールビーは表面に光の線が星《スター》の形になって現れているルビーをいいます。このスターの効果はアステリズム効果といい、よく使うアステリスク（＊印）と同じ形で光の反射をします。

このスターは、シルクインクルージョンと呼ばれるルチル（酸化チタン）が繊維状に整列し、三方向から一二〇度の角度を持って交わったときに発生します。

これは髪の毛の「天使の輪」とまったく同じ原理です。髪の毛は一方向にしか並んでいませんから1本の光の線しか出ませんが、スターは三方向に並んでいるため三本の光の線が現れるのです。

もし、一方向だけの光の線がはいった場合、その石はキャッツアイと呼ばれます。この効果はシャトヤンシー効果と呼ばれ、多くの石に見られます。

今のところ、スターはルビーとサファイアのコランダムのほかには**ほとんど現れていません**。反対にキャッツアイはルビーとサファイアには現れないのです。不思議です。

このスタールビーが普通のルビーと大きく異なるところは、そのスターがインクルージョンにより発生しているがゆえ、石に透明度がないということです。スターがよいか透明感がよいか、それは個人の好みです。

また、カットなのですがこれらの効果は平面では現れないため、必ずカボッションカットと呼ばれる丸いドーム型にカットされます。

ルビーの選び方

ルビーはとにかく色と透明度で選ぶ

普通にルビーを選ぶ場合は、とにかく色と透明度です。黒くならない程度でより赤い石を選んでください。当然、インクルージョンも少なければ少ないほど良いルビーですが、わずかなインクルージョンは天然の証と考え許容することも大切です。

また、1カラットという大きさも非常に重要です。ルビーはなぜかあまり大きく育たないようで、1カラット以上のものはそれだけで希少価値があると考えてください。

1カラット以上の1級品には資産価値があります。〇・九カラットの色のいいものと1カラットのわずかに色の落ちるもの。もし色が許せる範囲内ならば、1カラットの方を選ぶべきです。

さて、もっとも気になるエンハンスメントの有無なのですが、実はほとんどわかりません。一〇倍のルーペで見ても、見慣れていなければそれを判断することは不可能に近いと思われます。しかも、鑑別書にもそのことはチラッとしか書かれていません。おまけにいうと、宝石店の店員に訊いてもわからないことがほとんどでしょう。

唯一の判断材料は値段です。同じ大きさ同じ色をしているにもかかわらず、片方の石に割安感を感じたならば、その石はエンハンスメントを受けています。正確にいうと「より強いエンハンスメント」を受けています。

スタールビーはスターがセンターに出ているかどうか?

スタールビーは希少性の高いルビーです。ルビー自体が大きく育たないこともあり、売られている多くのスタールビーは1カラット以下です。そのため同じカラット数の普通のルビーに比べると割高になってしまうのは仕方がありません。その上でスタールビーを選ぶときは以下のことを確認してください。

まず、ルビーですから赤いことです。いくらスターが出ていても赤くなければ意味はありません。

次にスターについてですが、「スターがセンターに出ていること、左右対称で光の線が長いこと、そしてよりハッキリ出ていること」。これらの条件がそろえば、あとは値段に納得できるかどうかです。

以前、インドスタールビーというインドから産出するスタールビーがありました。このスタールビーは紫色でムラがありスターはハッキリ出ているのですが、とても綺麗といえるものではありません。なぜルビーと名乗れるのか不思議なくらいの石でした。たぶん無理矢理ルビーといっておけば「多少は値段がつくかな」程度の考えで、ルビーといっていただけだったのでしょう。

もちろん価格もそれなりで、通常のスタールビーの一〇分の一以下。しかし、それでもなかなかほしいという気にはなれない石でした。

そのインドスタールビー、今では日本でこそほとんど見かけなくなりましたが、アジアなどに旅行に行った男性がおみやげといって女性に買ってくることがままあるようです。

本当のスタールビーを見たことのない男性が、現地でスタールビーといわれ思わず買ってしまうのでしょう。

この石はインクルージョンの入り方などが肉眼でわかるほどで、鉱物としてならばおもしろいかもしれませんが、宝石をほしがる多くの女性にとっては迷惑なだけです。

インドスタールビー、どうせ買うのなら大量に購入し、「ちょっとステキなビー玉」として子供たちに配った方が、女性にプレゼントするより何百倍も喜ばれます。

ピジョンブラッドについては、これはもう**見ることができるだけでよし**としましょう。お金に余裕があるのならば買いであることは間違いありませんが、「とりあえずはピジョンブラッドを見にいってみよう」という感覚でいた方が現実的です。

いろいろな光で色を確認すること

光を出すものといえば、白熱灯、蛍光灯、そして太陽があります。実はどの光を使って色を見るかにより石の色はまったく違って見えます。

白熱灯で赤っぽく見せている

光により商品をより美しく見せているのは、スーパーマーケットだけではありません。宝石店にとっても光はきわめて重要な役割を果たしています。その中でも白熱灯の強い光は石を赤っぽく見せる効果があります。

ふだんの生活の中での白熱灯は、柔らかい高級そうな光を発します。白熱灯が多く使われているマンションはなんだか高級そうな感じがしますし、ご飯もよりおいしそうに見えます。それらの効果はすべて白熱灯が赤い光を含む赤外線を出しているからなのです。

ということは赤い石をより赤く見せることができるわけですから、ルビーをより美しく見せるためにはもってこいの光です。

この状態でルビーを買ったならば、家に帰ってから「あれぇー?」ということになりかねません。ていうか、なります。

また、光源によって色の変わるアレキサンドライトなどはわけがわからなくなりますから、どんな石も必ず蛍光灯および太陽の光で確認しなければなりません。

また、ダイヤモンドなどは多少黄色みがかっていても、その違いがよくわからなくなります。もちろん鑑定書にはカラーグレードが記載されていますから、理屈としてはごまかしようがないのですが、感覚として「カラーグレードが劣っても全然平気じゃん」という気になってしまいがちです。

蛍光灯でタイ産ルビーを見てみると……

最近では白熱灯と同時に蛍光灯を置いている店も増えてきました。ここ一〇年くらいでショーケースや壁の色が白くなったことと合わせて、これは宝石店の良心の現れではないかと私は思っているわけです。なぜなら黒い色や白熱灯は宝石自体をより美しく見せる効果があることに対し、蛍光灯と白い色は宝石を「そのままの姿」もしくは「それ以下」に見せてしまうためで、その状態でなおかつ美しい石を選ぶことができるようになるからです。

とくにタイ産のルビーは蛍光灯下では非常に黒ずんで見え、白熱灯下で見たときとはまるで違った石に見えますから要注意です。

太陽光でミャンマー産を見てみると……

太陽光がほかの光と決定的に違っているところは、その光の中に紫外線を含んでいるところです。たとえばミャンマー産のルビーは紫外線による蛍光性があるため、太陽光の下では紫がかって見えます。

最近わずかではありますが、デイライトという太陽光に近い光を出すライトを置いている宝石店を見かけます。そのようなお店は「宝石をわかっている」といえるかもしれませんね。

このように輝きですとか色の美しさは、最終的に光によって人間の目に入るわけですから、その光を選ぶことは同一の食材を和風に料理するか中華風にするかそれともイタリアンにするかということと同じです。

しかし、どの条件下でも最高の美しさを示すルビーはそうありません。ルビーに限らずですが、宝石を選ぶときは「どのシチュエーションで身につけることがもっとも多いのか」をよく考え、その光の下でもっとも美しく見える石を選ぶようにするべきでしょう。

サファイア

ピンクサファイアは邪道？

鉱物名	**コランダム**
日本名	**鋼玉《こうぎょく》**
語源	**イタリア語のサピリーネ（「青」の意味）**
化学式	**Al_2O_3**
比重	**4～4.4**
色	**青、ピンク、黄、緑、紫、オレンジなど**
結晶系	**六方晶系**
結晶	**六角柱状、板状、樽型（産地により異なる）**
硬度	**9**
劈開	**なし**

ラテン語で青を意味するサファイアは、中世まではラピス・ラズリのことを指していました。紀元前七世紀にはエジプトやローマでジュエリーとして身につけられていた、とても**歴史の長い宝石**です。

鉱物としてのサファイアはルビーと同じコランダムの一員で、赤でなければ基本的にはすべてサファイアと呼んでいます。

サファイアの基本色である青は、コランダムの結晶の中に鉄とチタンが入り込むことによって発生します。一般的には青いコランダムがサファイアなのですが、ピンクサファイア・イエローサファイアなど多くの種類の色のサファイアがあり、それぞれが宝石として売られています。

しかし、サファイアとはもともと青を意味する言葉、ピンクサファイアでは「ピンク青」という意味になり正直なところ「何が何だか」という感じです。

また、ブルーサファイアなるものも存在しています。このブルーサファイア、言葉的には「青青」ですから、「そんなことわかっているよ」といってしまいそうなのですが、感覚としては「普通の青より、もっともっと深い青」という意味なのでしょう。

確かにブルーサファイアの青は目を見張る青です。青いことが重要なサファイアにおいて、より青が深いブルーサファイアは貴重です。その価格も一般的なサファイアに比べ遥かに高価なものになっています。ブルーサファイアはスーパーサファイアと呼んだ方がいいかもしれません。

ピンクサファイアをルビーに

歴史的にも完全な赤のみをルビーと呼び、微妙な薄い赤はピンクサファイアとなることは致し方のないところです。

しかし、歴史は歴史、過去は過去。

いくらピンクは赤ではないといえ現代の基準としてピンクサファイアをルビーに含めることは、消費者の混乱を招かないためにも必要なことではないかと考えます。

淡いルビーと濃いピンクサファイア。その色の違いはほとんどありません。たとえば微妙な色の石をふたりの鑑別士に鑑別させると、ひとりはルビー、ひとりはピンクサファイアいうことも十分起こり得ます。そうするとかわいそうなのはピンクサファイアと鑑別された場合です。その瞬間その石はサファイアとなるわけですから、ルビーと鑑別された場合に比べ価格はガクンと下がってしまうのです。

現在、指輪になって売られている石を見てみても、「これピンクサファイアじゃないの?」というルビーや、「どうみてもルビーだよ」というピンクサファイアが数多く存在しています。

ひとつの手として濃い色のピンクサファイアを、淡い色のルビーということにして安く買ってくるということも考えられますが、鑑別書にはサファイアと書いてあるわけですから、気持ち的にはちょっとアレです。

やはり、赤系統の色はすべてルビーとし、ピンクサファイアは存在しないことにするべきです。濃い赤から薄いピンクまでをすべてルビーとしランク付けをする。そしてその中で消費者が好みの色を選べるようにする。そうすれば消費者のみならず業界関係者の混乱も避けられるのです。

サファイアの産地

インド

インドはすごいぞー。何がすごいって、それはやはり文化の違いでしょう。日本の感覚そのままでインドに行くと、もしかしたらつらい目にあってしまう人がいるのではないかと勝手に不安になってしまいます。

よくインドに一回行くと、インドのことを大好きになってはまってしまう人と、もう二度と行きたくないっていう人の二種類に分かれるという話を聞きます。インドが大好きになってはまってしまう人は、きっと出発前に十分インドを研究してうまいことやった人か、もしくは現地の人とまったく交流がなかった人なんじゃないかと思うのです。

インドは誰もが知っているカースト制度の国。その身分により隔絶された社会は日本人の想像を絶します。職業も身分に応じてしか選べません。ですからその人の職業を見ればその人の身分がわかるわけです。

私たち日本人は、そんなインド人に対しても職業くらいで人を差別するなんてことはあり得ないのですが、インドではそれが不幸の元になることがよくあるのです。

インド人は職業で身分を判断することを、自然なこととして日本人にも当てはめてきます。もしあなたがホテルの部屋で水をこぼし、それを自分で拭こうものならその瞬間に「水を拭かなければならない低い身分」と見なされ、そのとき以降そのホテルでのあなたの扱いはひどく不快なものになることは間違いありません。

また、ホテルの従業員と親しくなると、自然に「どんな仕事をしているの」という話になります。ここでうっかり自分の職業をいってしまうと本当に不幸なことになってしまいそうです。もしその職業がインドで低い身分の職業だったならば、その瞬間から従業員は口も聞いてくれなくなり、あなたを見る目も、まるで汚いものを見るようなものになってしまう可能性が大いにあります。

日本には職業による差別はないという感覚が、インド人には初めからないのですから困ったものです。

インドではどんな粗相《そそう》をしても自分では何もしない。必ず誰かにやらせることが必要かもしれません。また、インド旅行の際には勝手に自分の職業を学校の先生以上ということにしてから出発した方が何事もスムーズにいきそうです。

話が大きくそれましたが、サファイアの産地です。今ではすっかり枯渇状態になり、ほとんど産出のなくなったインド・カシミール。ここで産出したブルーサファイア（「コーンフラワー・ブルーサファイア」ともいう）は間違いなく世界最高のサファイアです。もうカシミール産のサファイアを宝石店で見ることはできませんが、現在売られているサファイアとは明らかに違うサファイアです。正直なところこのサファイアは**見ることができるだけでも幸せ**なことだと思わなければなりません。希少だからということもありますが、その美しさを知ることができるということがもっとも幸せなことなのです。

それでも、そのサファイアがほしいと思ったならば、値段は普通のサファイアの一〇〜二〇倍は間違いなくします。私が以前、国際宝飾展で見たカシミールブルーサファイアは約5カラットのルース（カットされただけの状態）で、値段は六〇〇万円でした。宝石店で売っている同じ大きさの普通のサファイアならば六〇万円というところでしょうか。もしこれが宝石店に卸されれば金額は一二〇〇万円、指輪としてデザインされれば二〇〇〇万円になるのでしょう。

スリランカ

産地としてもっとも有名な国はスリランカ。スリランカはルビーだけでなく、サファイアやトパーズ、アレキサンドライトなどありとあらゆる宝石を産出しています。

その採掘方法はもっとも原始的な露天掘り。いかにも宝探しをしていると一見してわかる風景がスリランカには多く見られます。

ここで採掘をするには、一平方メートルあたりいくらかのお金を支払い採掘権を買って行います。わずか一平方メートルの面積ですから、横に掘ることはできません。全員が縦に縦に掘っていくものですから、山は谷になり谷は何になるのでしょうか、最終的には巨大な大穴だけが残ってしまいます。

では実際に採れる量ですが、これはもう運次第です。自分の穴からはまったく出ないのに隣の穴からはザクザク出てしまうこともあるかもしれません。それでも年に一個だけ大きな原石を見つけることができれば、その先一年間は遊んで暮らすことができるのです。

宝石の国スリランカ。インド洋に浮かぶ宝石の島。

想像してみてください、土を掘り出し篩《ふる》いがけをする。そう簡単には見つからないけれども、運良く大粒の宝石が見つかれば大金が手に入る。一年くらいスリランカで宝石掘りをすれば家の一軒や二軒くらいは簡単に建てられそうです。どうですか、こんな景気の悪い日本なんか飛び出してスリランカで一旗揚げてみませんか。

「何いってんだ、そんなうまい話ならお前が行け」といわれそうですね。その通り、世の中うまいことできています。実はこの話には大きな障害がひとつだけあるのです。それは採掘の権利がスリランカ国民にしか与えられていないということ。これでは外国人がいくらスリランカに行っても観光しかできずに帰ってくるほかはありません。

しかし、それでも採掘をしたい外国人はたくさんいます。それらの人たちは現地の人を代表にして会社を作り、会社として採掘をするのです。採掘は現地人にやらせ採掘された原石をバイヤーにおろす。この方法で採掘をしている日本人は何人か存在しています。

個人で採掘されたルビー、会社として採掘されたルビー。それらのルビーはラトナプラという街に集められ、そこからバイヤーにより世界中に出荷されていきます。

サファイアの買い方

サファイアは基本的にはルビーよりも割安。産出量もルビーより多く、結晶がルビーと違いなぜか大きく育つため、5カラットほどの大きさでもむちゃくちゃな金額になったりすることはありません。

やはりサファイアも色石である以上、サファイア本来の色である青が美しい石ほどその価値が高まります。どのくらいの青が自分にとって最も美しい青なのかをよく考え選べば何の問題もありません。

しかし、悲しいことに現在多くのサファイア（青系統）がエンハンスメントとして加熱処理を受けて出荷されています。宝石店に並ぶサファイアは、**すべてエンハンスメントされている**といってもいいでしょう。

エンハンスメントの有無を見抜くことはなかなかできませんが、石をよく観察してみると中に気泡のようなものが入っている石があります。それが**加熱の痕跡**です。その気泡のようなものは、もともとその石に入っているインクルージョンが加熱により溶けてしまったためのもので、エンハンスメントを受けた証拠です。もしこれがわずかでも肉眼で見えるようなら（ほとんど見えませんが）、気持ちの上でもその石は避けた方がよいでしょう。

ところが、エンハンスメントなどされていないから安心しろという店員がいます。そのような店員は信用できません。早々にその店から立ち去るべきです。

カシミール産ブルーサファイアに人気が集まる理由のひとつは、エンハンスメントなど何もしなくても初めから目の覚めるような青をしていたからなのです。

色か、スターか？

サファイアは結晶が大きく育つため、ほとんどが1カラット以上の大きさで販売されています。

スターサファイアの選び方としてはルビーの場合と基本的には同じです。しかし、スターの色がもともと青みがかっているため、青の強いサファイアほどスターが見えづらくなります。スターのハッキリでるものは、青なのかグレーなのかわからないサファイアに多く存在します。

先日、改めて青いスターサファイアを見に行ったのですが、スターサファイアと書いてはありましたが、どの方向から見ても私の目には一条の線すら見えませんでした。

色を優先するのか、スターを優先するのか。落としどころはご自身の判断です。濃い青にハッキリとしたスターの出るサファイアもまれにあります。でも、やっぱり高くなっちゃってるんですよね。

現地で買うのは愚の骨頂

骨頂とまではいかなくとも、愚かであることに間違いはありません。

日本では、どんなものでも現地に行くと「良いものが安く手に入る」という感覚があります。寒ブリをたくさん食べたいと思えば「富山県へ行けばいいかな」と思いますし、備前焼の花器がほしいと思えば備前に行くことが最前の方法です。

同じ理由で宝石も現地で買えば良いものが安く手に入ると思ったりしていませんか。

残念ながら現地へ行っても宝石を安く売っていることはありません。それどころかまがい物（合成品や低級品）を結構な値段で買ってくる羽目になることの方がほとんどです。

そのような経験をした友人がいたら、優しく慰めて大笑いすることもできますが、もし自分がそうゆう目にあったならば、くやしくて血の涙が出てしまいます。

なぜそういうことが起こるのかというと、それは宝石には流通ルートとして世界的なシンジケートが確立されてしまっているからです。

遥か昔のように、宝石商が現地人から直接原石を一個二個買うというのならば、現地に行った方が安く手に入れることができたでしょう。しかし現在は企業もしくは国が現地人を雇って採掘をしているのです。非常に厳しく管理された採掘現場から一〇〇万円もするような原石が流れるなんてことはあり得ません。高品質の原石はその国の空気に触れることなく海外へ出荷されていきます。ただ、国によっては横流しが横行している国もあります。が、そのようなところは宝石が手に入る代わりに自分の命がなくなってしまう可能性が大いにあります。

また、現地の物価が非常に安いところだったとしても、現地人はそれが海外で非常に高く売れることを知っています。たとえば、日本で一〇万円で売られていると知っているのに、いくら物価が安いからといってそれを一万円で売ることは考えられません。日本で一〇万円の石は現地でも一〇万円です。それどころか中には高品質っぽく見せるために、一万円の石を一〇万円だといって売っている現地人もいます。それらはみな観光客ねらいですから要注意です。

よって、現地で「安いよ安いよ」といって出回っている宝石は、低品質品か合成品かのいずれかになるのです。

教訓「安いものには理由があるが、高いものには必ずしも理由はない」
「日本で高いものは現地でも高い。掘り出し物はあり得ない」

いかがですか。私は怖くて現地で買い物をしようという気にはなれません。これだったら日本で買う方がよっぽどお得です。（でも、たまーに、まれーに、掘り出し物はあるようです。現地の人がレートを間違えているとかね。そしたらラッキーです。もちろん逆に間違えている場合もあるんでしょうけど。）

高級ブランドバッグをイタリアで買っても、そう安いわけではありません。飛行機代の方がよっぽど高くつきます。でも、イタリアで買ったというステータスは得られますから、それはそれでよいでしょう。でも、アジアで買い物っていうのはなんだか信用できないんですよね。

パパラチャ

Padparadscha

風合いある美しい色で人気急上昇のあげく

鉱物名	**コランダム**
日本名	**鋼玉《こうぎょく》**
語源	**スリランカ語のパパラチャ（「蓮の花」の意味）**
化学式	**Al_2O_3**
比重	**4〜4.4**
色	**ピンクオレンジ**
結晶系	**六方晶系**
結晶	**六角柱状、板状、樽型**
硬度	**9**
劈開	**なし**

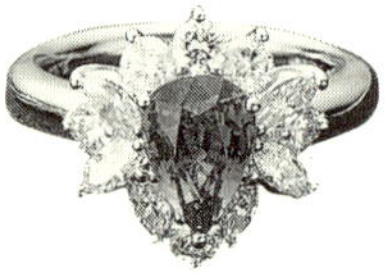

コランダムグループの中で独立した名前をもっている石は赤いルビーだけ。ルビーといえば赤のコランダムを表します。現代におけるサファイアは青を指すのではなく、赤以外のコランダムすべての色の総称でしかありません。

よって一般的には「ルビーとそれ以外のサファイア」というような分け方をしていたのですが、近年、**新たにもうひとつの色**が独立し固有の名前をもつようになりました。

それがパパラチャです。スリランカ語で「蓮の花」を意味しているとおり、パパラチャはピンクともオレンジとも、どちらともいえない微妙な風合いをもったきわめて美しい色をしています。

パパラチャは今のところスリランカでしか産出がなかったためか、それとも急に人気が出たためか、その値上がりには驚かされます。一〇年ほど前には二〇万円だったものが、今では二〜五倍の金額になって店頭に並んでいます。個人的には「あのとき買っておけばよかった」と心底思う今日この頃です。

パパラチャの産地

スリランカ

スリランカは**サファイアのパラダイス**です。パパラチャもスリランカで発見され、スリランカ語で命名され、そして近年までほぼ独占状態にありました。もちろん数が少ないため、いつ枯渇してもおかしくない状態です。

マダガスカル

とくに近年宝石ラッシュに沸くマダガスカル。サファイアだけでなくルビーやエメラルドも産出する、これまた宝石の島です。

その上、これまでスリランカの独占だったパパラチャが産出するようになったのですから、すごいことです。これで高騰するパパラチャの価格が少しでも安定してくれるとよいのですが。

パパラチャの買い方

微妙な自分好みの基準で

きわめて微妙な色をしているこの石は、鑑別士によってパパラチャとなるときとオレンジサファイアやピンクサファイアにされてしまうときがあります。「淡い赤のルビーと濃いピンクサファイア」の鑑別と同じく、どこからどこまでがパパラチャと決まっているわけではありませんから、「これがパパラチャの色」と自分で基準を作ってみる必要があります。

その基準の作り方は、パパラチャといわれる石の中でもっとも自分が美しいと感じた色をパパラチャの色とすればよいでしょう。

信用を落とす石にされたパパラチャ

パパラチャはパパラチャと鑑別された瞬間に値段がドンと跳ね上がります。パパラチャとなればそれだけで値段が上がってしまうわけですから、単なるピンクサファイアやオレンジサファイアをパパラチャとして販売している宝石店が少なからず存在しています。今ではハッキリいって、「オイオイ」というパパラチャばかりです。

また、鑑別士によっても色の判断基準が大きく異なりますから、鑑別書にいくらパパラチャと記載されていても、パパラチャとは認められない石もあります。

事実数年前に微妙な色のサファイアをパパラチャとして売り出していた百貨店に、市民団体が抗議をし回収騒ぎになったことがあります。その事件以降それらの大きな百貨店は、「信用を落とす可能性のある石」としてパパラチャを置かなくなったくらいです。

その話を最初に聞いたとき、「おお、信用回復のためにパパラチャを置かないのか、立派なものだ」と思ったのですが、よく考えてみると「置けない状況にした張本人たち」が「信用を落とす可能性がある」だなんて、よくぬけぬけとそんなことがいえるもんだと腹が立ってきてしまいました。まるで北にあるどこかの国みたいです。

パパラチャはピンクとオレンジの両方が混じった色。これはピンクっぽいとか、オレンジっぽいというものはパパラチャの色ではありません。いくつもの石を見て必ず自分の中で基準を作ってください。何だかわからないけれども、**店員にいいくるめられてしまった**なんてことのないようにしなければなりません。

出始めの頃のパパラチャはいい色をしたものが多くありました。ところが一年もしないうちにいろんな色がパパラチャにされてしまい、わけが分からなくなったのです。と同時にいい色のパパラチャがどんどん減っていきました。パライバトルマリンのように、あっという間に枯渇してしまった可能性もありますが、もしかしたら目の飛び出るような価格をつけられてそれなりのところでそれなりの人にしか販売しなくなったのかもしれません。私たちにはどうでもいいようなおこぼれしか回ってきていないのかもしれませんね。プンプン。

　昨今の傾向として、良いものはどんどんなくなっていく方向にあるようです。「これは良いものだと思ったときに買っておく」。あとで泣かないために、これがこれからの宝石の買い方になるのかもしれません。

　そういう買い方のできる身分になりたいものです。

3

ベリル

ベリルの原石

緑になればエメラルド、水色になればアクアマリン。

赤、黄、ピンク……、色により違う名前の宝石になるのがベリルです。

宝石としては私たちにもっともなじみ深いもののひとつ。

しかし、鉱物名であるベリルとなるとその存在はかなりマイナーです。

もともと純粋な状態で無色透明であるこの石は、さまざまな色を得ることにより初めて宝石としての価値をもつのです。

エメラルド

Emerald

内包物を気にせず、色、輝《テリ》き、大きさで選ぶ

鉱物名	ベリル
日本名	緑柱石《りょくちゅうせき》
語源	ギリシャ語のスマラグドス（「緑」を意味する）
化学式	$Be_3Al_2Si_6O_{18}$
比重	2.6～2.9
色	緑
結晶系	六方晶系
結晶	六角柱状
硬度	7.5～8
劈開	なし

エジプト最後の女王クレオパトラが愛し抜いた緑の宝石、エメラルド。

クレオパトラは自分専用のエメラルド鉱山（クレオパトラ鉱山）を所有し、自分のためだけにエメラルドを採掘させていました。

古代の教典には「**富と権力が欲しい者は、エメラルドをとれ**」という教えがあり、もしかしたらクレオパトラは富と権力を独り占めするために、エメラルドに執着したのかもしれません。

鉱物としてのエメラルドは、ベリルという石のグループに属しています。このベリルも純粋ならば無色であり、そこにクロムもしくはバナジウムが入り込むことで美しい緑を発色します。

ほかに緑を発色する元素には鉄もあるのですが、その場合はエメラルドと呼ばれずグリーンベリルと呼ばれています。

エメラルドの産地

コロンビア

今のところエメラルドの最大の産地であるコロンビア。とくにその中のムゾー鉱山からは一級品が多く産出しています。そのため世界的にムゾー鉱山イコール一級品と考えられています。おもしろいことに、このムゾー鉱山の近くにあるコスケス鉱山からは良品と呼べるものはあまり産出していません。

ムゾー鉱山のエメラルドが美しい色をしている原因は、その母岩が石灰岩であるからだと考えられます。エメラルドも天然石であるため必ずインクルージョンが入るのですが、石灰岩のインクルージョンは黒くならないため緑の発色をじゃましないのです。

現在このムゾー鉱山はかなり地下深くまで掘り進められているため、コストがかかって仕方がありません。それがエメラルドが高価である原因のひとつです。もしほかの鉱山から良質のエメラルドが多産すれば価格はずいぶんこなれたものになるでしょう。しかし、その価格を維持するためにほかの鉱山を閉めてしまうなど価格の調整が行われてしまっています。

コロンビアは世界のエメラルドの六〇~七〇パーセントを生産しているのですが、多くの鉱山では鉱夫によるエメラルドの盗難が相次ぎ横流しが横行しています。中には産出量の七〇パーセント以上を鉱夫に盗まれ続けたため閉山に追い込まれた鉱山もありました。

コロンビアでは横流しの良品を安く手に入れることができます。これなら現地に買い付けに行ってもあまり損をすることはなさそうです。ただし、コロンビアですからね、命と引き替えということもお忘れなく。ハイリスクハイリターンか。

ブラジル・ザンビア

この二カ国から産出するエメラルドの緑は、バナジウムによる発色です。コロンビアのエメラルドはクロムに起因していますから、色合いの違いはそこにあるのでしょう。また、インクルージョン（内包物）も黒っぽい（黒雲母など）ため、暗い緑になりがちです。

これらのエメラルドは、ファセットをもたないカボッションカットにする方がその美しさを多く引き出すことができます。

全世界のエメラルドは、このブラジル・ザンビアそしてコロンビアの三カ国だけで九〇パーセントを占めています。

天然ではもろすぎる

ベリルの中でもインクルージョンの多さに定評のあるエメラルド。インクルージョンのないものは合成エメラルドの場合のみ。エメラルドにおいてインクルージョンは天然の証。その色を損なわない限り、なければならないものと考えていいでしょう。宝石のプロはインクルージョンを見ただけで、そのエメラルドの産地がわかるくらいです。

しかし、そのインクルージョン。異物だけならばよいのですが、クラック（ひび割れ）が多くそのままの状態ではとても見られたものではないものがほとんどです。

よって、これは必ず知っておいてください。

「エンハンスメントを受けていないエメラルドはない」のです。

しかし、この場合のエンハンスメントはほかの石のように、色をよくして価値を高めようというものとはちょっと違います。

もともとクラックが非常に多い状態が自然の状態ですから、そのままでは耐久性がなさすぎるのです。もし宝石店で手にとって選んでいるときにボロッといってしまったら、いくら自分に落ち度がないとはいえ肝の冷え方はハンパなものではありません。

ですから耐久性を高める意味も含めて「エンハンスメントを受けていないエメラルドはない」のです。

エメラルドのエンハンスメントはほぼ一〇〇％浸含処理になります。それはそうです、「加熱してよりいっそう耐久性を落としてどうする」というところですからね。

浸含処理では樹脂を染みこませる場合とオイルを染みこませる場合があります。そうしてできあがったエメラルドが「本来の色を取り戻したエメラルド」ということで、そこが良し悪しを判断するスタート地点になります。

エメラルドの買い方

色、輝き（テリ）、大きさ。この三つを総合的に判断し、自分にとってもっとも良いエメラルドを選んでいただきたいと思います。ただ、よい色で大きくなると簡単に一〇〇万円を超えてしまいますから困りものです。

普通に売られているエメラルドの色は、薄い緑から濃すぎて黒ずんだ緑までとても幅広い緑が存在しています。当然のことながら、薄い緑がもっとも価値が低く濃くなるにつれ価値が高くなっていきます。しかし最高の色合いを通りすぎ緑が濃くなりすぎると、再び価値が下がり始めます。たとえば色調が一～一〇まであるとするなら、価格は六を頂点としたピラミッド型になっているわけです。よって薄い色の四と濃すぎる八の価格は同じということなのです。

もちろん宝石店によっては七を頂点とするところもありますし、自分の好みの頂点が五かもしれません。好みと値段がうまく一致する宝石店を見つけたいものです。

前述しましたが、エメラルドにインクルージョンはつきものです。インクルージョンは自分が気になるかならないかだけの問題です。品質を落とすものではありません。

その場では絶対にわからないのですが、へたくそな浸含処理が施されていた場合は三年ほどでオイルが蒸発してしまうことがあります。

そうすると見るも無惨なエメラルドの残骸が残ることになりますから、「ああ私はこんな石に高いお金を払っていたんだな」と夢から覚めたような気分になってしまいます。エメラルドにしてみれば一二時の鐘が鳴ったようなものです。

もちろんこれはクレームです。しかし、そのクレームを宝石店が受け付けてくれるかどうかはわかりません。

「保証書を付けるから大丈夫」という宝石店が多くありますが、本当に大丈夫でしょうか。だってほとんどの場合、保証期間は一年なのですから。

これでは恐ろしくてエメラルドを買うことができません。でも、ここ一〇年以上そんなクレームの話はまったく聞かなくなりました。現在とりあえずこのような心配をする必要はなさそうです。

カットしたとき光と花が現れる珍品中の珍品

エメラルドをカボッションカットにしたときに一条の光の線が現れるものを「**エメラルドキャッツアイ**」、六条の光の線ならば「**スターエメラルド**」と呼んでいます。

他石のキャッツやスターと違い、エメラルドにこの効果が現れることはきわめて珍しく、資産的価値も非常に高いエメラルドです。

もちろん、一本より六本のスターエメラルドの方がより希少性は高くなります。

そして、エメラルドの中には**トラピチェ**とよばれる変種があります。宝石の中にも変り種といえる石はたくさんありますが、これほどの珍品はほかにありません。カボッションにカットすると、六角形の花が咲いたような模様が現れる。このトラピチェエメラルドは、エメラルドの中でも超希少。

エメラルドの結晶が六角形にのびる原因は、21世紀の現在でもまったくといっていいほど解明されていません。唯一わかっていることはふたつの結晶系が混在しているらしいということだけ。これからの研究が期待されます。

さて、そのトラピチェエメラルド、今のところコロンビアからのみの産出です。元々産出量が少ない上に宝石になるものとなると、よりいっそう数は少なくなります。そのせいか、指輪などに加工されることはめったにないようですが、エメラルドファンならばぜひ手に入れておきたい逸品です。御徒町あたりになら売っています。

合成エメラルドについて

日本では京セラなどが非常に美しい合成品を販売しています。合成品はインクルージョンが入らないため見た目が美しく割安でもあるため、気軽に身につけることもできることから、それを好む人も多くいます。

ただ、日本製はコストがかかっているため金額的には思ったほど安くはありません。また、天然に似せて、わざとインクルージョンを入れているものもあります。

アクアマリン

Aquamarine

清涼感のある清楚な宝石

鉱物名	**ベリル**
日本名	**緑柱石《りょくちゅうせき》**
語源	**ラテン語のアクアマリン（「海の水」の意味）**
化学式	**$Be_3Al_2Si_6O_{18}$**
比重	**2.6～2.9**
色	**水色**
結晶系	**六方晶系**
結晶	**六角柱状**
硬度	**7.5～8**
劈開	**なし**

エメラルドと色違いであるアクアマリン。

その名の通りの淡い水色は清涼感のある清楚な印象を見る人に与えます。

その昔、アクアマリンは船に乗る人を守り、良い旅をさせてくれるお守りとして珍重されてきました。そのほかにも激情を和らげ冷静沈着にさせてくれる力をもつ石といわれています。

エメラルドと異なる点としては、インクルージョンが少ないため非常に透明度の高いものが多く存在しているところです。また、クラックも少ないため、硬度は同じですが耐久性も高く比較的大粒の石が指輪やネックレスに加工されています。金額もエメラルドの五分の一～一〇分の一以下ですから、大粒の美しい石を思う存分に選ぶことができます。

耐久性が高いとはいってもベリルとしては本来の耐久性であり、エメラルドだけが低すぎるのです。

しかし、そうはいいましても衝撃には弱く、タンスの角にぶつけただけでもエッジは簡単に欠けてしまいます。ちょっと強くぶつけたならば結晶がまっぷたつということも十分あり得ますから注意して下さい。

色を濃くして淡い水色を楽しむ

本当に淡い水色であるアクアマリン。大きな原石の状態で淡い水色を発色しているのですから、カットして小さくしてしまったならば、その色はほぼ無色透明です。よって、宝石として淡い水色を楽しむためにはエンハンスメントを施して色を濃くしてやる以外にありません。

宝石においてエンハンスメントは普通のことであり、取り立てて騒ぐようなことではありませんから、アクアマリンにおけるエンハンスメントも、淡い水色を楽しむための当然のこととして受け止めてください。

アクアマリンの産地

ブラジル

色は淡めですが美しい良質の結晶が産出します。また粒の大きさも十分大きく、一九一〇年に一一〇キログラムの結晶が産出したという記録も残っています。
ただし、ブラジル産のアクアマリンは若干緑がかっているためエンハンスメントを施しその緑を抜いています。
現在、アクアマリンといえばブラジルといわれるくらい、売られているもののほとんどはブラジル産です。

ナイジェリア

色も大きさもほどほどな高品質の結晶を産出しています。しかしブラジル産に比べキズやクラックが多く加熱処理をすることができません。そのため天然のままの状態で売られていることが多くあります。

多少キズがあっても天然のままの色がよいか、エンハンスメントを受けて色と耐久性を向上させたもののの方がよいかそれは自由です。「天然のままの色」にはグッと惹かれるものがありますが、ブラジル産に比べ売っている量が遥かに少ないことと、元々産地などはわからないところからナイジェリア産を指定して購入することはなかなか難しそうです。

アクアマリンの買い方

いくらエンハンスメントが当たり前のアクアマリンとはいえ、色を濃くしすぎたものはちょっといただけません。アクアマリンはあくまでも海の水、薄い色の中で良い色を選ぶことが重要です。

当然インクルージョンが少なければ少ないほど良い石ということになります。なぜかはわかりませんがエメラルドに比べインクルージョンがほとんど入りませんから、美しい石を探すことは簡単です。しかも値段もそこそこなわけですから、予算の許す限り**なるべく大粒のものを**選びましょう。お勧めは3カラット以上。それならばかなり見応えがあります。

正直いってそれ以下のものはアクセサリーです。アクセサリーは飽きます。ジュエリーとして長く楽しむために、少しでも大きな石を選んでください。

色の確認は蛍光灯で行わなければなりません。アクアマリンに限らず青系の石はどれも蛍光灯の光の方が、色の識別は容易です。

他の注意点として、エッジが欠けていないかどうかをしっかり確認してください。宝石全般にいえることですが、いくら宝石は硬いといいましても衝撃には非常に弱いのです。多くの人が手にとって見ているうちに、いつの間にかポロッといってしまっているものがあるかもしれません。もちろん、購入後に自らポロッとやってしまったら目も当てられませんが。

その他のベリル

another beryl

名前はマイナーでも、手に入れたい宝石

ゴールデンベリル
（オーバルシェイプ）

ゴールデンベリル
（ファンシーシェイプ）

レッドエメラルド

レッドエメラルドってレッドベリルのことです。何だかおかしいですよね。だって鉄による緑だとグリーンベリルって呼ばなきゃいけないのに、赤だったらレッドエメラルドですか。

これはやっぱりレッドベリルよりレッドエメラルドの方が売れそうだからに間違いありません。「赤いエメラルドは珍しいんですよ」なんていわれれば、何だかすごく希少な石のように思えてきます。

さて、そのレッドエメラルド。希少さでいうと、実はエメラルドを含むほかのどんなベリルよりも希少であることは確実です。**産地はアメリカのユタ州のみ**。しかも、小さな結晶しか産出せず、商業的な採掘が始まったのは一九九九年から。現在すでに枯渇が危惧されている、レッドデータなのです。

もし、希少石好きならば見つけたときに手に入れておきましょう。パライバトルマリンの二の舞を演じてしまいそうな、そんな勢いです。

モルガナイト

淡いピンクのモルガナイト。ピンクというより桃色といった方がより正確かもしれません。このモルガナイト、宝石店ではほとんど売っておらず、ミネラルショップ（鉱物店）でよく見かけます。

たぶん、宝石としてみた場合、モルガナイトに代わる石がたくさんあるからではないでしょうか。一昔前はクンツァイトがその役目を果たしていました。今ではそのクンツァイトもあまり見なくなりましたが、それはピンクサファイアやパパラチャなど、もっとハッキリとした色の派手でメジャーな石の方に多くの人の目がいってしまうからでしょう。

ヘリオドール、ゴールデンベリル

黄色いベリルのことをいいます。この石も宝石店には置かれない宝石のひとつです。確かに黄色いベリルを買うくらいなら、イエローサファイアを買ってしまいそうです。その方がメジャーですから。

また、黄色が十分濃くなるとゴールデンベリルへと名称が変わります。しかし、この石もちょっと不幸です。なぜならゴールデンサファイアが存在しているため、同じような色合いのゴールデンベリルは影が薄いままなのです。

エメラルドとアクアマリン以外は邪険に扱われているベリル。やはりベリルという名前自体の認知度がきわめて低いからなのではないでしょうか。硬度もサファイアに比べて低く、かけたり割れたりしやすいベリル。これでは高いお金を出して購入してもどこにも着けて出かけられません。悲しいことですが宝石店で扱わないのも仕方のないことでしょう。

それでもベリル兄弟としてすべての色を集めてみることも楽しそうです。そういう場合は、毎年各地で行われているミネラルフェアに行くとすべて揃っています。指輪やネックレスになっていないルースで販売されていますから、そんな高い値段にもなってはいません。

ケースに入れてその美しさをニヤニヤ楽しむ。これらの石はコレクターズアイテムなのですね。

これでいいのか、宝石広告？

先日、新聞のチラシに「希少・イブニングエメラルド・入手困難・50000円・鑑別書付」という広告が入っていました。

「イブニングエメラルド？」

はて、それは何だろうとよくよく見てみると、隅っこの方に小さく「イブニングエメラルド（ペリドット)」と書いてありました。

ペリドットとは日本名で「かんらん石」のこと。綺麗な黄緑色の石ではありますが、エメラルドとはまったく関係がなく、珍しくも何ともない石です。

なるほど、イブニングエメラルドは商品名だったんですね。

「〜エメラルド」となれば、宝石を詳しく知らない人ならエメラルドと信じてしまいそうです。確かに小さくペリドットとは書いてありますが、そもそも普通の人はペリドットが何なのかすらわからないはず。

入手困難とも書いてありますが、宝石店によってはペリドットは普通に売っています。もちろんエメラルドなんて名称はどこにも使われていません。

新聞にはこのような広告がたくさん入ってきます。「この広告を見て買った人がいるのかな」とか「鑑別書を見て返品騒ぎになったりもするのかな」など、楽しい想像をさせてくれるナイスな広告でした（ ^_^ ）。

4

クリソベリル

アレキサンドライトの原石

クリソベリルに与えられたふたつの個性。

それがキャッツアイとアレキサンドライトです。

このふたつの石をいくら見比べてみても、同じ石だとは信じられません。

一方、通常のクリソベリルは日本名を金《きん》緑《りょく》石《せき》というとおり、緑がかった金色をしています。

しかし、宝石としてみた場合、その色に代わる宝石がいくつもあるため、クリソベリル自体はメジャーではありません。

キャッツアイ

Cat's eye

気まぐれな猫の目のように光る石

鉱物名	**クリソベリル**
日本名	**金《きん》緑《りょく》石《せき》**
化学式	**$BeAl_2O_4$**
比重	**3.5〜4**
色	**キャッツアイ独自の蜂蜜色《ハニーカラー》**
結晶系	**斜方晶系**
結晶	**板状（双晶しやすい）**
硬度	**8.5**
劈開	**明瞭**

　ファセットのない丸いカボッションカットを施すと一条の光の線が現れる。見る角度を変えると、その光の線が右へ左へゆらゆらと動き、まるで気まぐれな猫の目のように見えることから、このような石をキャッツアイと呼んでいます。

　東洋ではこの石を眉間にあてると先見の明が得られると考えられていましたし、スリランカでは魔よけの宝石と信じられていました。

　キャッツアイの一条の光の線はその石に含まれるインクルージョンが繊維状にビッシリと並ぶことにより発生します。いろいろと難しい理屈はあるようですが、髪の毛の「天使の輪」と同じようなものと考えておきましょう。

　この効果は「シャトヤンシー効果」といわれ、石英やトルマリンなど約五〇種類の宝石に現れますが、普通「キャッツアイ」といえば、クリソベリルという石にシャトヤンシー効果が加わった

「**クリソベリルキャッツアイ**」を指します。

しかし、クリソベリルってあまり聞いたことありません。クリソベリル自体あまり美しい石ではありませんし、何より個性がありません。クリソベリルはシャトヤンシー効果を得て初めてキャッツアイという個性を得ることができたのです。

キャッツアイの産地

スリランカ、タンザニア、インド、ブラジル

産地に関してはもう何もいうことがないくらいお約束の国々です。何かうらやましい反面これらの国々は経済的にはあまりよろしくない状態にあるようで、行ってみたいながらも行きたくないような複雑な心境です。

とくにスリランカは宝石以外に大きな産業はあるのでしょうか。土の中から掘り出される宝石にすべてを託した国という感じがします。もし宝石が枯渇してしまったり、何かの拍子で全世界の人々が宝石に興味をなくしてしまったとしたら、真っ先につぶれてしまう国がスリランカではないのかと勝手に心配になってしまいます。もちろん大きなお世話であることはわかっています。私にできることはせいぜい紅茶をたくさん飲むくらいのものです。

キャッツアイの買い方

縦に走る一条の光の線。これがキャッツアイたるゆえんなのですから、この光の線がよりハッキリ現れる石がより良いキャッツアイということになります。カットの仕方がへたくそだったり、原石の状態からあまりよい程度でない石は、この光の線が左右どちらかに偏っていたり斜めに出ていたりします。やはりそれらの石はよろしくありません。

またカボッションカットの厚さを厚くするとシャトヤンシー効果はよりシャープになり、薄くするにしたがって次第にぼやけた感じになってきます。

光の当て方にも注意をしてください。間接照明の光では光の線が横にぼやけてしまいます。しかし真っ直ぐな光ならばきっちりとした線が出ます。宝石店で販売する場合はあくまでも売れることが大前提にありますから、そんなに幅広い品揃えをしているところは少ないと思います。どの石もみな似たようなものですから、シャトヤンシー効果についてはあまり選択の余地はないようです。

次に色についてですが、キャッツアイはシャトヤンシー効果の左右で色が違い、光源に近い半分が蜂蜜色、反対側が半透明なミルキーになる通称「ハニーカラー」がもっとも良い石とされています。ただし、そのような石はなかなか見つけることができず、どれもみんなレモンイエローやアップルグリーン、そしてブラウンの一色だけの場合がほとんどです。その中でなるべく左右の色が違うものを選ばなければなりません。高い評価を得られるものは、「ハニーカラー」と「アップルグリーン」の綺麗なものです。

さて、キャッツアイも宝石ですから見応えが欲しいところです。大きさとしては3カラット以上が理想です。しかし、最近はなかなか大きなものが出なくなっているらしく、2カラット以上の逸品ならば買いといえるでしょう。

カボッションカットは半円のドーム型ですから厚さがあるとカラットの割に小さく見えてしまいます。薄くするとそれなりに大きく見えますが、前述の通りシャトヤンシー効果がぼやけてしまいます。というわけでその両方を満たす大きさが3カラットというところでしょうか。金額としては八〇万円前後の価格になります。高いことに変わりはありません。

エメラルド・キャッツアイかもしれない石

先日、ある宝石店でエメラルドキャッツアイとして売られている石を見つけました。エメラルドのキャッツアイは非常に珍しいですから早速手にとって見たのですが、どこをどう見てもシャトヤンシー効果が見えないのです。カボッションカットにされたエメラルド自体はとても美しかったのですが、そこに**映る光はお店の蛍光灯ばかり**。真上から見ても斜めから見ても光の線は見えませんでした。

店員の女性に聞いてみると、「そうですね、ちょっとわかりづらいですね」というばっかりで、どこがどういうふうにキャッツなのかは教えてくれません。

フン、何が「ちょっとわかりづらい」なんですかね。店員も絶対にわからなかったんですよ。その石は、きっと専門家が見てちょっとだけシャトヤンシー効果が出ていたから「エメラルドキャッツアイ」になったに違いありません。

珍しい石のキャッツは「もしかしたらキャッツかもしれない」というだけでキャッツアイにされてしまうのです。そのような石を買っても「珍しいかも」というだけであまりうれしくありません。

アレキサンドライト

光で色が変わるロシアの王子さま

鉱物名	**クリソベリル**
日本名	**金《きん》緑《りょく》石《せき》**
化学式	**$BeAl_2O_4$**
比重	**3.5～4**
色	**変色性を示し太陽光下では緑、白熱灯下では赤紫**
結晶系	**斜方晶系**
結晶	**板状（双晶しやすい）**
硬度	**8.5**
劈開	**明瞭**

一八三〇年、ロシアウラル地方で発見。その日はロシア皇太子（のちのアレキサンドル二世）の一二歳の誕生日だったことから、その名にちなんで「アレキサンドライト」と命名されました。

クリソベリルのもうひとつの個性、それがアレキサンドライト。この個性はキャッツアイよりも強烈。なんといっても**光の種類により色が変わる**のですから、この石を最初に発見した人はさぞおどろいたことでしょう。

太陽の光の下は緑、白熱灯下では赤紫を示すこの石は、当時ロシア軍の軍服の色が赤と緑だったことからロシア人にはお守りとして特別の価値がありました。

のちにスリランカやブラジルでも発見されましたが、産出は思わしくなく発見当時から現在においてもきわめて希少価値の高い宝石です。

アレキサンドライトの産地

ロシア

アレキサンドライトの本家本元のロシア。残念ながら今ではすっかり枯渇してしまい、めったに産出しなくなっています。

ロシア産の特徴は、赤紫から緑にハッキリと変色することです。ただし、インクルージョンが比較的多く、むちゃくちゃ高い金額にはなりません。

ブラジル

現在、もっとも高い評価を受けているアレキサンドライトの多くがブラジル産になります。赤紫から緑に見事に変色するだけでなく、インクルージョンも少なめの一級品です。

しかし、ブラジル産のアレキサンドライトはあと五年ほどで枯渇すると予想されており、まだ産出が続いている現在が一級品の買い納めかもしれません。五年後、本当に枯渇してしまったら、資産価値とともに価格が急上昇してしまうでしょう。

ブラジル産のアレキサンドライトは、大きさが一カラット以下のものがほとんどですが、もしハッキリブラジル産と確認できるものが欲しいなら今がラストチャンスです。

スリランカ・タンザニア・マダガスカル

ときには五カラットを超える大きさのものを産出するスリランカ。しかし、色の変化に乏しく大きなクリソベリルとしてしか扱われない場合が多いため、評価はあまり高くありません。

それに対して、タンザニア・マダガスカルでは質のよいものが産出し始めています。三〜五カラットの一級品の産出も多く、これからが狙い目の産地です。

アレキサンドライトの買い方

白熱灯下では赤紫、太陽光では緑を示すアレキサンドライトですが、赤はルビーの赤には及ばず緑もエメラルドにかないません。にもかかわらずこの石がもてはやされるのは、ひとえに赤から緑へと見事に色が変わるからこそです。

アレキサンドライトの命はその変色にあります。どんなにカラットが大きくても、どんなにインクルージョンが少なくても色が変わらなければ、それはただのクリソベリルです。購入に当たっては何が何でも太陽光と白熱灯での**色の変化を確認**してください。

ところが不思議なことに、多くの宝石店はアレキサンドライトの色変わりを「さあどうぞ」とは見せてくれないのです。店員は「アレキサンドライトって書いてあるんだから色変わりするに決まっているでしょ」という感じでいるらしく、「確認したいという方がおかしい」といわんばかりです。

アレキサンドライトは鑑別のプロが見てわずかでも変色が認められればアレキサンドライトになってしまうため、中には変色しているのか何なのかわからないものも多く売られています。プロがやっと確認できる程度の変色が普通の人にわかるわけがありません。またキッチリ色変わりするにしても「赤が綺麗な石は緑がいまいち、緑が綺麗な石は赤がいまいち」など石によってすべて違うのですから店員を信じて購入すると、家に帰ってから「なんだかなー」ということに確実になってしまいます。

あげく色変わりを確認するために外で見たいというと、かなりイヤな顔をされてしまいます。盗難の心配をすれば当然イヤな顔にもなるのでしょうが、ハッキリいいます。

「売る気ないのか!」

だってそうです、色変わりが売りの石なのにそれを見せないばかりか、見せろというとダメだっていうなんてあんまりです。自動車だって中古車ならば買う前に必ず試乗するでしょう。試乗できない自動車は、「ははーん、壊れて動かないんだな」って思います。そんな自動車を勧められても私は買う気になれません。

ビックリですけど、最近はパン屋だって試食できるんですよ。それなのにそんな売り方をしてクレームがついたからって、その人のことを「クレーマー・クレーマー」って言うな。「デイライトくらい置いておけ」です。

すみません話を戻します。店頭に並んでいるアレキサンドライトは太陽の光が当たりませんから、通常はちょっと赤黒い色になっていますが、中にはわずかに緑がかっているものがあります。アレキサンドライトは太陽の光によって初めて緑になるわけですから、このような石に色変わりは期待できません。

アレキサンドライトは自分の目で見て色変わりを確認できさえすれば鑑別書すら必要ないくらいです。あった方がいいに決まってますけど。

しつこいですが、**変色が大きいか小さいか**、これがアレキサンドライトの価値です。よって多少のインクルージョンは大目に見るべきです。しかし、人によってはインクルージョンもあってほしくないという方がいるかもしれませんね。そういう人は大変です。アレキサンドライトのいいものは1カラットで一〇〇〇万円を軽く超えてしまうことがよくあるからです。中には原石の状態で一〇〇〇万円を超えてしまう場合もあります。ダイヤモンドなどへみたいな値段です。

そうですね、普通に買うのならば0・3カラットで三〇万円くらいならば納得できる価格といえるでしょう。もしとっても綺麗で大きなアレキサンドライトが格安で売られていたら、その石は呪われているのかもしれませんよ。

アレキサンドライトキャッツアイ

アレキサンドライトとキャッツアイは同じクリソベリル。それならばシャトヤンシー効果を示すアレキサンドライトの存在はまったく不思議ではありません。

光源によって色が変わる。しかもただでさえ希少なシャトヤンシー効果が現れるわけですから値段もグンと高くなります。

カラーチェンジングサファイア、カラーチェンジングガーネット

クリソベリル以外にも変色を示す石があります。その代表的な石がサファイアとガーネットです。色が変わる石のことを通称「アレキ～」と呼んでいますが、それは「アレキサンドライトのように色が変わる～」という意味です。サファイアもガーネットも、「アレキ・サファイア、アレキ・ガーネット」と呼んだりもしますが、正確にはカラーチェンジング・サファイア、カラーチェンジング・ガーネットと呼ばなければなりません。

5

トルマリン

ウォーターメロンの原石

日本名を電気石というトルマリンは、圧力を加えたり熱を加えたりすると静電気を帯びる性質を持っています。

一番多い種類は鉄電気石。鉄に代わってマグネシウムが増えてくると苦土《くど》電気石。鉄やマグネシウムがなくなりリウチムがそれに置き換わるとリチア電気石。カット研磨され宝石になる電気石はこのリチア電気石です。

トルマリン

Tourmaline

まさにオンリーワンな不思議な色

鉱物名	**トルマリン**
日本名	**電気石**
化学式	**$Na(Fe,Li,Al)_3Al_6(BO_3)_3Si_6O_{18}(OH)_4$**
比重	**約3**
色	**種類により異なる、多色**
結晶系	**六方晶系**
結晶	**三角柱状**
硬度	**7～7.5**
劈開	**なし**

トルマリンは一六世紀の初めにはエメラルドと混同されてヨーロッパに輸入されていました。当時は鉱物学が発達していなかったため、緑のトルマリンはエメラルド、赤いトルマリンはルビーとして扱われていたようです。そのため、トルマリン自体は紀元前から使われていたにもかかわらず、その由来や伝承はほとんど残っていません。

トルマリンは日本名で「電気石」というように、熱を加えたりすると**静電気をおびる性質**があります。まれに、宝石店のショーケースの中でライトに照らされたトルマリンが熱せられ、周りの埃を吸い付けているときがあります。

鉱物としてみると、電気石《トルマリン》には「リチア電気石《エルバイト》」「鉄電気石《ショール》」「苦土電気石《ドラバイト》」と大きくわけて三つの種類があります。

宝石として売り出されているトルマリンはリチア電気石、枕に入っているトルマリンは鉄電気石で同じトルマリンでも別物として扱わなければなりません。

この中で宝石として扱われるリチア電気石には多くの色の種類があり、それぞれに名前がついています。また、ほかの鉱物には見られない変わった色のつき方をするものも存在していて、それらもトルマリンを楽しい宝石にしてくれるひとつの要素になっています。

トルマリンの産地

トルマリンもやはりお約束の国からの産出になります。ブラジル、アメリカ、マダガスカル、スリランカ、ミャンマー。うらやましいですね、ひとつの宝石が産出するところは、ほかの宝石もあるということなのでしょうか。

これらの国の中ではブラジルが主産地になっています。とくにパライバ州から一九八九年の一年間だけ産出したパライバトルマリンは、すでに枯渇していることとほかからの産出がまったくないことを合わせ、きわめて希少性の高い貴重な宝石になっています。

トルマリンの種類

リチア電気石（エルバイト）

バイカラートルマリン

その名前の通り2種類の色をひとつの結晶の中にもつ変わり種のトルマリンがこのバイカラートルマリンです。結晶の上下でピンクとブルー、ピンクとグリーンなどハッキリと2色に別れている宝石はめったにありません（ほかにはアメジストとシトリンが合わさったアメトリンがあるだけです）。

このバイカラートルマリンが宝石として扱われるようになったのは一九七〇年代からの新しいものですが、現在ではジュエリーデザイナーが手がける宝石のひとつになっています。

バイカラーには多くの色の組み合わせがありますが、高価とされているのはピンクとブルーもしくはピンクとグリーンが組み合わされた色です。中にはルビーのような赤いピンク、サファイアのようなブルー、エメラルドのようなグリーンをもった石もありますが、それらはあまりよしとされておらず、淡いパステルカラーが上手にバランスされたものが良い色とされています。また、色が線を引いたように別れているものよりも、自然に移り変わっていく方がより美しく見えます。

この色を楽しむためには石自体の大きさが大きくなければなりません。だいたい5カラット以上が必要です。金額的にはプラチナの台に乗った状態で、二〇〜三〇万円くらいが目安です（正直言ってどの宝石も台が高いんです）。

バイカラートルマリンはカット研磨以外に人間が手を加えていない数少ない宝石です。その色も色合いも自然のまま、同じ石がふたつとない自分だけの逸品を是非どうぞ。

ウォーターメロン

バイカラートルマリンと同じく2種類の色が美しいコントラストを示すウォーターメロン。ただしバイカラーのように上下で色が違っているわけではなく結晶の内側と外側で色が違うという、これまた変わったトルマリンです。

内側がピンク、外側がグリーンだったりするこの石を輪切りにスライスしてみると、その瞬間にこの石の名前に納得がいきます。何ともかわいらしく、どうみても「スイカ」にしか見えないこの石を嫌いだという人はいません。まだ見たことのない方は一度見てみてください。きっと初めに「おいしそう」って思うはずです。

輪切りにしなければ色がわからず、自然の状態を崩せないこの石は宝石ではなく鉱物としてミネラルショップでの扱いになります。ミネラルフェアあたりに行くとスライスされたウォーターメロンが山のように売っています。大きさにもよりますが一個一〇〇〇円くらいから見つけることができると思います。

ピンクトルマリン（ルーベライト）

同じピンクの石としてモルガナイトがありますが、色合いは明らかに違います。薄くなってしまうとクンツァイトと見間違えられてしまう可能性が高いため、宝石店は濃い色の石を店頭に並べています。そのためショッキングピンク一歩手前のものが多く、ハッキリと好みが別れる色をしているところが特徴といえば特徴です。

ブルートルマリン（インディゴライト）

海のような青い色をしたトルマリンです。誰が見ても美しいブルーをしているのですが、その色がサファイアに似ているため、あまりメジャーな存在にはなれませんでした。

その上パライバトルマリンが出現したことによりその立場はよりいっそう微妙なものになってしまいました。　サファイア、パライバとのインディゴ・トライアングルです。

というよりも実際には、パライバに押されたまま場外に出ていってしまったという感じです。

鉄電気石（ショール）

本当かどうかわかりませんが、枕や布団に入っていてマイナスイオンを出しまくっているトルマリンがこの鉄電気石です。

鉄電気石はトルマリン全体の中で最も産出が多く価格も非常に安いものです。ミネラルショップや雑貨店では、大きな結晶一個が一〇〇円～四〇〇円で売られています。

真っ黒い結晶で、山積みにされていると石炭かと思ってしまうようなものなのですが、結晶の形がトルマリン独特の太った三角柱であることがハッキリわかるため、一個くらいはもっていてもいいかなと思う石です。

その鉄電気石、マイナスイオンを出す程度ならよいのですが、「お風呂に入れて温浴効果を高める」ですとか、「ご飯を炊くときに一緒に入れるとおいしく炊ける」というのを聞くと、ちょっとトルマリン人気がインフレを起こしているような気がいたします。

苦《く》土《ど》電気石（ドラバイト）

山梨県塩山市竹森にある通称「水晶山」から産出する水晶には、この苦土電気石がインクルージョンとして含まれています。鉄電気石と違い光を通すため、透明な水晶の中で屈折した光が苦土電気石を透過し幻想的な風合いを醸し出す役目を果たしてくれています。

このような水晶は指輪やネックレスにするのではなく、テーブルの上に置いたりライトでポウッと光らせたりすると、お部屋の素晴らしいインテリアとなってくれますよ。

トルマリンの七色

赤・橙・黄・緑・青・藍・紫、光の7色と黒そして透明、非常に多くの色をもつトルマリン。とくにバイカラーとウォーターメロンの特殊性についてはよくわかっていません。

一般的には、「結晶が成長するときに環境が変化し、それまでと違う種類の元素が取り込まれるようになったため」といわれています。しかし、それならばなぜ他の宝石に同じ現象が起こらないのでしょうか。ルビーとサファイアのバイカラーコランダムや、エメラルドとレッドベリルのウォーターメロンベリル。もし環境の変化が原因ならばこれらの宝石があってもおかしくないはずです。

やはりトルマリンだけの何か特別な理由があるのではないでしょうか。早く研究が進み、たとえ私の理解が追いつかなくてもその理由を知りたいものです。

パライバトルマリン

世界にひとつだけの「青」

鉱物名	**トルマリン**
和名	**電気石**
化学式	$Na(Fe,Li,Al)_3Al_6(BO_3)_3Si_6O_{18}(OH)_4$
比重	**約3**
色	**青**
結晶系	**六方晶系**
結晶	**三角柱状**
硬度	**7～7.5**
劈開	**なし**

パライバトルマリンは鉱物としてはトルマリンのひとつにすぎないのですが、その類いまれな色によりパライバという独立した名称をもつに至った逸品です。

名前からもわかるように、この石はブラジルのパライバ州が唯一の産地で、一九八九年に大量に産出しましたが、産出はその一年間だけで現在はまったく産出していない状況にあります。

今でもパライバトルマリンとして売られているものは一九八九年産出のものを小出しにして売っているものです。

何ともいえないパライバの色

なんと表現したらいいのでしょうか、パライバトルマリンのブルーはサファイアの青でもなければインディゴライトの青でもありません。パライバのブルーはパライバだけのものでほかに代われる石はありません。

「空の青とも海の青ともつかない色」などなど、これまでその色を多くの人が表現してきました。しかし、どれもパライバの色を言い表すことはできていません。むしろこれらの表現をしていた人たちは、「うまく言い表せないことを言い表そうとしていた」のではないかと思うくらいです。パライバの色はそれほどまでに独特の色をしています。

でも、ひと言でいってしまえば「青色発光ダイオードの色」ってところでしょうか。はっはっは、これじゃロマンのかけらもないですね。

パライバにはブルーのほかに緑がかった色の石もあります。しかし、私の中ではグリーンのパライバはパライバと認めることができません。いや認めたくありません。パライバはあくまであのぬぺっとしたブルーがパライバであって、「半年ほったらかして夏が過ぎた水槽に光を当てたような」色のグリーンは許せません。それらはみんなグリーントルマリンでいいと思います。

あ、もちろん私の好みの問題ですから気にされる必要はありません。

［パライバトルマリンの買い方］

ああああ、この石はパパラチャ以上に「あのとき買っておけばよかった」と後悔して後悔してやまない石です。

思い出すこと一〇数年前、一九九〇年前後のある日突然パライバなる今までにまったくなかったブルーのトルマリンがいっせいに店頭に並んだ時期がありました。そのときの価格は1カラットの指輪になった状態で約三〇万円。いくら今までにない色の石とはいえトルマリンですから、産出が進めば次第に値段は下がるだろうと考えていたのです。

しかし、思った通りにはなりませんでした。普通どんな新種の石も産出が進めば、値段は落ち着き、それに合わせてあまり色のよくないものが流通し始めます。また、より安くするために小さくカットしたものが出始めるのですが、このパライバトルマリンだけはそうではなかったのです。値段が落ち着く前に、あまり色のよくないものが出始める前に、サイズが小さくなる前に、鉱山が枯渇してしまったのですからどうしようもありません。あっという間にパライバトルマリンは店頭から姿を消してしまいました。今ではわずかに輸入されてくるものが目の玉が飛び出るくらいの値段（1カラットの石のみで一〇〇万円前後）で少しだけ売られています。

あはははは、これでは買い方も何もあったものではありません。確かに大きいものはむやみに高い値段になっているのですが、小さいものならば0・2〜0・3カラットで三〇万円くらいの値段で売られていますので、まったく手に入らないということではありません。

では、それらのパライバを購入しようと思ったときの注意事項です。色に関してはどの石もそれほど大きな違いはありません。ただ色の薄い石ばかりを見ていると、それがパライバの色だと思ってしまいますので少しでもたくさんの石を見ていただきたいと思います。

パライバを多く見ていくと、インクルージョンのためちょっと薄曇りのような色をしている石があります。同じパライバでもこのような石は避けましょう。どうせ買うならば美しいものを探し出していただきたいと思います。

いい色を見つけだし、いよいよ購入となったならば必ず鑑別書を取ってください。もしないというならば、**多少お金がかかっても必ず取らなければなりません**。

まれにですが、当時売れ残ったパライバトルマリンをデッドストックとしてもっていた宝石店が、大粒の石を当時の価格のまま店頭に並べていることがあると聞きました。もし、そのようなパライバを見つけたなら即買いです。婚約指輪を買いにきていてもダイヤモンドなんかを選んでいる場合ではありません。パライバですパライバ！　婚約指輪がパライバだったら宝石通をうならせることができますよ。

今後もパライバトルマリンが産出しないままならば、**資産的価値はグングン上昇**していきます。それを見越した上でというのもありだとは思いますが、何よりも他人がもっていないものをもつという満足感・優越感のために手に入れる方が真っ当です。少なくとも私はその理由でこの石が欲しいです。

6

石英

水晶（クラスター）

地球上に最も多くある鉱物が長石と石英です。

石英でできている鉱物は日本中いたるところに存在しており、ちょっと地面の見えているところならば探し出すことは容易です。宝石の条件は「美しさ」「硬さ」「稀少価値」ですが、石英はこの「稀少価値」を満たしてはいないのです。

しかし、石英の自形結晶である水晶は、希少価値のなさを補ってあまりある美しさがあり、「鉱物は水晶に始まり水晶に終わる」とマニアたちに言わしめるほどの魅力をもっています。

石英と水晶

Quartz & Crystal

驚きと感動、まさに芸術品！

鉱物名	**クオーツ**
日本名	**石英**
化学式	**SiO_2**
比重	**2.7**
色	**基本的には無色透明、ほかに紫、黄、ピンク、緑、黒など**
結晶系	**六方晶系**
結晶	**六角柱状、先端は錘**
硬度	**7**
劈開	**なし**

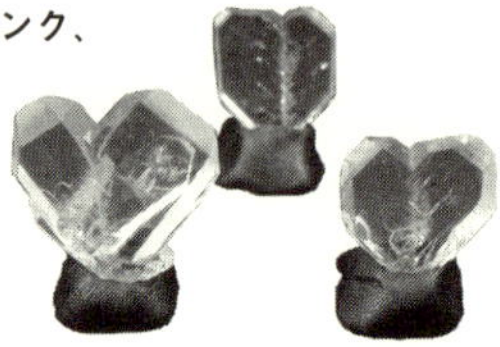

日本式双晶

石英と水晶は二酸化珪素というまったく同じ鉱物の、それぞれ別の呼び名です。

石英は二酸化珪素がただ固まったもの、水晶はキッチリとした形に結晶したものという違いがあるだけです。よって水晶が割れてしまった場合、その破片は石英と呼ぶことになります。

石英は地球上で長石と並び、**もっとも多く存在**しています。結晶と破片、それだけで水晶と石英というように呼び名が変わるわけですから、ほんのちょっと見かけが変化しただけの石英もたくさんあり、それぞれに名前が付いて区別されています。

ここでは膨大な数にのぼる石英グループをすべてというわけにはいきませんが、できる限り紹介していきます。

水晶（クリスタル）

その昔、氷の化石と考えられていたほど無色の水晶は透明度が高く、先端のとがった六角柱の結晶は、初めて見る人に驚きと感動を確実に与えてくれます。

私事で恐縮なのですが、中学生のとき理科で火山や地層とともに岩石の勉強をしました。正直言ってぜんぜんつまんなかったです。花崗岩や安山岩なんておもしろくも何ともない石を勉強させられても苦痛なだけでした。今思うとその中に水晶の1本でも入っていれば、勉強への興味もずいぶん違っていたと思うのです。成績だってもう少し何とかなっていたはずなんです！

アメジスト（紫水晶）

水晶の中で唯一堂々と宝石として扱われているアメジスト。その深い紫はほかに代わる石がありません。この石ならば宝石として十分通用する気品を持っています。

ところがやはり水晶は水晶。どんなに大きくても決して目の玉が飛び出るような金額にはなっていません。アメジストが水晶だと知らない人は、なぜこの石だけがこんなに安い金額なのか反対に驚いてしまうでしょう。

こんな言い方は何ですが、どんなに綺麗でも所詮は水晶。アメジストを選ぶときは決して妥協してはいけません。少しでも濃い紫、少しでも高い透明度、そしてできる限り大きいもの。アメジストはそのように選ばなければなりません。

大きさに関していうならば、売る側の方もそれはわかっていて、カラットなんて上品なものではなく何センチ×何センチと表示しなければならないレベルの大きさで売っています。

気になる金額ですが、約3カラットで一万円するかどうかというところでしょう。最高級の最大級でも三〇万円が限度でしょうか。

アメジストを買ったならば注意点がひとつだけあります。それは日光に当て続けると紫色がだんだん薄くなってしまうところです。当てすぎると完全に退色してシトリンになってしまうかもしれません。

シトリン

天然にはほとんど産出せず、店頭に並んでいるものは基本的に色の悪いアメジストを加熱することで黄色くしています。

シトリンは以前、シトリントパーズと称しインペリアルトパーズの代用品として売られていました。今でもその名残でサファイアやエメラルドと同列の宝石としてちゃっかりショーケースに並んでいます。

しかし、やっぱり水晶なのです、5カラットの大きさでも約五万円ほどしかしません。しかし、一応トパーズのように扱われていますから、台にプラチナを使って指輪にされている場合が多く五万円のうちの五万円すべてが台の値段だと思ってかまいません。要するにシトリン自体に値段はつかないんです。

ちょっと悲しいですが、シトリンはそういう石です。

アメトリン

名前の通りアメジストとシトリンがひとつの石の中で合体しています。というよりも「合わせりゃアメトリンだー」と何も考えずにそういう名前にしたという感じです。

紫と黄色、確かに珍しいことは珍しいのですが、なんだかアメジストの一部分が退色しただけのような気もするんです。

ローズクオーツ

普通に売っているローズクオーツは水晶というよりもひとかたまりの石英と考えてください。この石は売っている店の幅がむちゃくちゃ広く、4℃のようなシルバーアクセサリー専門店やパワーストーンショップでよく見かけるほか、外国人の露店から宝石店までどこにでもあるという感じです。

金額も一〇〇〇円～一万円ほどですからお部屋の飾り石と考えておきましょう。飾り石といえば、ひとかたまりの大きなローズクオーツは見応えがありインテリアにはもってこいです。そのような大きな石が欲しいと思ったならばどこへ行けばいいのか。宝石店にはもちろん売っていません。パワーストーンショップには置いてありますが、三万円ほどの金額になっているため、そんなにお金を出す気にはなれません。ではどこへ行けば安く買えるのかというと、「熱帯魚ショップ」です。水槽の中の飾りとして、でっかい石が一〇〇〇円～三〇〇〇円で売られています。ミネラルショップの一〇分の一以下です。どこで売っていてもローズクオーツはローズクオーツ、綺麗な石を上手に買いたいものです。

ところで、ちょっと値段が違いすぎですよね。なぜ売っている場所によってこんなにも違いがあるのでしょうか。

ハッキリいってしまうと仕入れの値段はどの店も同じです。同じ値段で仕入れているにもかかわらず、高い価格に設定できるのも安くしかできないのも、それはすべて客層に違いがあるからです。

パワーストーンショップに来る人間は石を買いにきていますが、熱帯魚ショップに来ている客は魚を買いにきているのです。魚を買いにきている人間に、ついでにローズクオーツを買ってもらうためには高い金額では無理ということなのですね。

石の値段っていうのは元々あってないようなもののいい例です。

スモーキークオーツ

日本でもいたるところで見つけることができるこの水晶は、初めて見る人にはちょっと異様な感じを与えます。水晶といえば透明だったり紫だったり、とにかく綺麗な色のはずなのに、この水晶は真っ黒なのですから。

正確には真っ黒ではなく「チョコレートブラウン」というそうなのです。そんなおしゃれな言い方をしなくても黒水晶でいいじゃないかと思うのですが、黒水晶はちゃんと別にあるそうです。ああそうですかという感じでした。

ハーキマーダイヤモンド

アメリカのハーキマーで見つかったところからこの名前がつきました。名前にダイヤモンドとついてはいますが、れっきとした水晶です。

しかし、ダイヤモンドと名付けてしまうくらいの理由がこの水晶にはあります。きわめて透明でころっとした形のこの水晶は、原石同士で比べた場合ダイヤモンドよりも美しく見えるかもしれません。もし、ダイヤモンドの原石とハーキマーダイヤモンドの原石が並べて置かれていたら、一〇〇人中一〇〇人がハーキマーダイヤモンドの方を手に取るでしょう。

日本式双晶（ジャパニーズ・ツイン）

これぞ我が日本を代表する水晶のひとつの頂点です。八四度三三分の角度でふたつの水晶がまるで双子のようにくっつきハート形になっているこの双晶が、「日本式」と名付けられたことは本当に幸運なことだと思います。

この日本式双晶は明治時代に日本で多産したことにより命名されたのですが、今では産出がめったになく、また世界の各地でも見つかってはいますが、きわめて希少性が高く、アメジストやシトリンなどよりもよっぽど手に入れておきたい水晶です。

お値段の方ですが、一円玉よりも小さいサイズで、一個一万円からというところでしょうか。手のひら大のハート形になると、一〇〇万円くらいは軽く超えてしまいます。

この日本式双晶はちゃんと今でも日本国内で見つけることができます。なかなか見つからないことはわかっていますが、あるところにはあるのです。こんな高い金額で買うよりも、私は自分で見つけてみたいです。

ホンモノの水晶玉なんてめったにない

占いなどに使われる水晶玉。ハッキリいってむちゃくちゃ高いです。直径10センチのもので約一〇〇万円はするでしょう。ということで、テレビなどで見るボーリングの玉のような水晶玉は確実にガラス玉です。

ひとつの水晶玉を作るためには直径の二倍の太さの結晶が必要です。10センチの水晶玉を作るためには20センチの太さの水晶が必要ですが、そんな太い水晶めったにあるものではありません。しかもキズがあってはダメなのですから。

にもかかわらず、水晶玉は結構たくさん売っています。当然それらは**ほとんどがガラス玉**です。ところが店員も水晶だと思っていたりしますから、確認のしようがありません。しかも結構いい値段にしてあって、もしかしたら本物かなと思わせるようにもなっていたりしていますから困ったものです。

しかし、水晶にはガラスにない特徴をひとつもっています。それは**複屈折**といって、水晶を挟んで向こう側を見ると景色が二重に見える現象で、ガラスにこの性質はありません。

紙に一本の線を引いて水晶玉の向こう側に当ててみればいいのです。その線が二重になって見えれば間違いなく水晶です。

ただし、複屈折は確認できる方向が決まっています。丸くなっていたら方向がまったくわかりませんから、その紙を上から当てて下からのぞいたり、下に当てて上からのぞいたりしてください。ただし、水晶の複屈折は10センチ以上の直径がないとよくわかりません。

驚きと感動、まさに芸術品！

「太陽の塔」の作者であり、類いまれな芸術家であられた岡本太郎先生は、「芸術は爆発だ」と日々語っておられました。爆発とはいったいなんぞやと問われれば、「なんだこれは！　こんな物見たことない！」と相手に思わせることなのだそうです。

爆発とは、「驚愕と感嘆そして感動を、見る人に与えること」。見る側の感性の爆発こそが芸術だということなのです。

なぜか芸術の話になってしまいましたが、「驚愕と感嘆そして感動」が芸術ならば、初めて見る人にそれを与える水晶はまさしく芸術なのではないでしょうか。

「自分が芸術だと思えば、それは芸術だ」と、すっとぼけたことをいっている自称芸術家の方々が大勢いらっしゃいますが、「主張しなければならない芸術なんて芸術じゃない」とここでハッキリ申し上げておきましょう。

水晶を見てご覧なさい、水晶を。何か主張していますか、何も主張せずに見る側に「驚きと感動」を与えてくれるのです。

正直言いましてワタクシ、水晶をカット研磨して宝石にしてしまうことが残念でなりません。水晶は自然のままの形こそが私たちに「驚きと感動」を与えてくれるのです。太陽の塔を研磨してはいけないのです。ましてやカットした日には何が何だかわからなくなってしまいます。

太陽の塔がなぜあんな形なのか、それを解説することに意味はありません。それと同じで水晶には解説も主張も必要ないのです。

山の中で水晶を見つけたら、それは太陽の塔です。一九七〇年のこんにちはです。一家にひとつ、ぜひ太陽の塔をお求めください。

瑪瑙《めのう》（アゲート）

石英が結晶せずに固まり、縞模様をもったものを瑪瑙と呼んでいます。なぜ水晶にならなかったのかというよりも、水晶がニョキニョキはえている土台の部分が瑪瑙なのです。

火山が噴火しマグマが固まるときに、内部がひび割れ空洞ができると、そこに宝石のもとになるガスや液体が溜まっていきます。もっとも多い物質が二酸化珪素であるため、空洞の内壁にはまず二酸化珪素が付着していき、ある点を超えると結晶が始まり水晶が伸びてくるようです。

瑪瑙はその「ある点」までの部分です。「雪とつらら」のようなものと考えてください。つららの部分が水晶、雪の部分が瑪瑙。雪が積もらなければつららは伸びない、瑪瑙の部分がなければ水晶もない、といったところでしょうか。

ただし、その空洞（晶洞もしくはガマと呼んでいます）が小さいと、「ある点」を超える前に瑪瑙で埋まる場合もあります。そうするとその空洞はひとつの瑪瑙の固まりということになってしまうのです。

ところが、瑪瑙の固まりだと思っていたものを半分に切ってみると、中が空洞になっていて水晶がビッシリはえていたなんてこともありますから、ただ者ではありません。

さて、その瑪瑙ですが、縞模様の色の組み合わせにより名前が違ってきます。有名どころは次の三種類です。

オニキス　‥　白と黒の縞模様
サードニクス　‥　白と赤の縞模様
ブルーレースアゲート　‥　白と水色の縞模様

瑪瑙は色のコントラストがハッキリしているものほどよい瑪瑙とされていますので、ブルーレースアゲートはいまいちかなという感じです。ほかにも透明と白の瑪瑙がありますが、あまりおもしろくないので、そういうものは単に瑪瑙と呼んでいます。

ちなみに、おみやげで売っている**カラフルな瑪瑙はほとんどが着色**ですから、あの色が瑪瑙の色と思ってはいけません。

カメオ

瑪瑙の縞は、タマネギのように何層にもなっています。その縞の層を利用したイタリアンジュエリーがカメオです。いわゆるストーンカメオと呼ばれているものです。

色の違うふたつの層の片側に彫刻を施し、人物や風景を浮き彫りにするその手法はとても美しいと思います。とくにストーンカメオは浅く彫ったり深く掘ったりすることで生まれるグラデーションが実に見事です。

これだけ素晴らしければ価格も安くはなく、一個数一〇万もしてしまうのも当然のことでしょう。

カメオにはこのほかにシェルカメオがありますが、色の層が薄くグラデーションを作ることができません。まるでキッチリとした線で描かれた模様に見えます。当然価格も安く、どんなに高くてもストーンカメオの一〇分の一程度です。

水入り瑪瑙《めのう》

瑪瑙ができるとき、多くの場合その内側が空洞になっていますが、その空洞の中に液体が残っていることがあり、そのような瑪瑙を「水入り瑪瑙」と呼んでいます。

石の中に水が入っているなんて、普通に考えれば驚くべきことです。しかし、それは太古の火山活動を石の中に閉じこめているようなものなのです。

この石を耳に当て振ってみると、石の中でジャブジャブ音がします。こんなすごい教材は、学研の「大人の科学」にだって絶対についてきません。手に入れようと思ったならばミネラルショップへ行ってください。二〇〇〇円～一万円くらいで普通に売っています。

玉髄《ぎょくずい》（カルセドニー）

同じ空洞の中にできても、縞ができず一色だけになったものを玉髄と呼んでいます。玉髄も色によりそれぞれ名前が付いており、美しい色のものは飾り石やカボッションにカットされ指輪になっています。

カーネリアン：赤

ブルーカルセドニー：青

クリソプレース：緑

アベンチュリン：モスグリーン

この中ではクリソプレースがもっとも美しい色をしています。緑というよりもアップルグリーンの半透明なこの石は、単なる玉随ではあっても希少価値の高い貴重品です。

この中で宝石として扱われている石はブルーカルセドニーなのですが、宝石店ではブルーレースアゲートとひとまとめにされて売られています。

モルダバイト

原石の状態ではゴーヤチャンプルーのゴーヤのようなイボイボの形をしているモルダバイトは、モルダウ川で発見されたことによりその名前が付けられました。この緑色の半透明の石は天然ガラスであり、表面を研磨され多くの場合人物を彫刻されて売られています。

以前ミネラルフェアで見たモルダバイトはペンダントに加工されていたのですが、直径三センチほどの大きさのものが約五万円もしていました。確かに珍しいとは思いますが五万円は高すぎのような気がします。

ところで、モルダバイトと色違いであるだけの同じ鉱物にテクタイトという石があります。流水によって角が取れたわけでもないのに原石の状態ですでに丸いこの石は、過去には隕石として宇宙から飛来したと考えられていました。

隕石がつくった宝石

現在では隕石が原因とされてはいますが、宇宙から来たものではなく隕石が地表に激突した際に巻き上げられた鉱物が空中で再結晶してできたと考えられています。

モルダバイトもそれと同じ出来方をしたのではないでしょうか。原石の状態で表面がゴーヤのようなイボイボの形なんて普通はあり得ません。

もし本当に隕石が原因でできた鉱物ならば、隕石が落ちたとされる地域にはモルダバイトやテクタイトと同じ鉱物が見つかってもおかしくはありません。

てくるのだそうです。
そのノートには、「Thank you.」「He is nice GUY！」「He is very kindness.」とたくさん書いてあるらしいのですが、ところどころに日本語で、「こいつはスケベだ注意しろ」とか「要注意！絶対ついていっちゃダメ！」とも書いてあるのだそうです。ぷぷぷー、ですね。

でもどうしてこんなにスケベなのでしょう。イスラムの国は女性に近づくことは御法度。目があっただけでもその女性の家族に殺されかねませんから、絶対に手を出しません。

でも、異教徒ならイイみたいです、何をやっても。とくに日本人はハッキリ拒絶をしないため、近寄りやすいのかもしれません。

しかし、もともと女性に慣れていないからか、近づくとアレが元気になってしまい大変なんだそうです。

オロオロモジモジ、汗だくダラダラ。

さわりたい、商売もしなきゃ、でもキスしてくれたらハンガクヨー。

何だかこんなことばっかりだと、エジプト人ってろくでもない人間だと思ってしまいそうですね。でもそんなことはありません。彼らの本当の姿、それはイスラムの戦士「フェダイーン」なのです。

＊

さて、前置きが長くなりすぎましたが、なぜエジプトなのかというと、これら調子のいいエジプト人のなかには「アレキサンドライトはアレキサンドリアの石だ」と臆面もなく商売している人間が大勢いるからなのです。

すでにご存じの通り、アレキサンドライトはアレキサンドル２世（ロシアの王様）にちなんで付けられた名前。アレキサンドリアとは縁もゆかりもない石です。

ちょっと名前が似ているだけでエジプト人に利用されるのは何だかくやしい。

それもこれもアレキサンドル2世が無名だということが悪いんでしょうね、きっと。

みなさんも騙されないよう注意してくださいね。

アレキサンドライトとエジプト人は関係ない

女性がエジプトに行くとなかなかファンタスティックな体験ができるそうです。空港からホテルからピラミッドまで、ありとあらゆる場所で。一番頻発する所というとハンハリーリなどの市場がサイコーなのだそう。

＊

日本人女性が市場に足を踏み入れると、すかさず何人ものエジプト人が、「ヤバーニ？　ヤバーニ？」「オシン？　オシン？」と声をかけて来ます（オシンというのは「おしん」のこと、10数年前にエジプトで「おしん」が放送されて以来、日本人女性は全員が「おしん」なのだ）。

オシンはおいといて、「ヤバーニ？　ヤバーニ？」と声をかけられれば普通はキャッチかなと思いますよね。ところが違うんです。

「イエス」と答えると、すかさず、

「ケッコンシテクダサーイ」

は？ケッコン？

また、なぜか一緒に写真を撮りたいエジプト人が多いらしく、横に並ぶと肩に手を回してオッパイもみもみ。手を払えばお尻さわさわ。

買い物で値下げ交渉すると、「コレイジョウゼッタイムリデース」というくせに、「デモ、キスシテクレタラハンガクー」なんてね。

続いて現れる人物は、謎の仲介人。「ワタシトイッショナラ、ナンデモヤスクナリマース」と言って無理矢理ついてくる。いくら無視してもついてくる。もし間違って仲介させたら大損確実。売り主が「5ポンド」と言っているのに、「10ポンドデスー」と誤訳してくれるそうです。差額は自分のポケットに入れるのですね。

ノートをもっているエジプト人も多くいて、これまでに案内してあげた日本人に書いてもらったっていう、よくペンションに泊まったり観光地に行くと置いてあるノート。「記念に書いてください」というアレとおなじもの。そのノートをみせて、「ワタシダイジョーブ、アンシンネー」と言い寄っ

7

オパール

オパールの原石

石英と同じ二酸化珪素からできているオパールは少し特別な存在。

結晶ではないこと、その成分に水を含んでいること、さらに宝石として利用されるほど美しい鉱物はオパール以外にありません。

そのでき方には2種類あり、火成岩の中で珪酸《けいさん》を含む熱水が作用してできるメキシコオパール。もうひとつは、砂岩の隙間に同じく珪酸を含む比較的低温の温水がゆっくりと作用してできるオーストラリアオパールです。

オパール

宮沢賢治ファンにおすすめ、「貝の火」

鉱物名	**オパール**
日本名	**蛋白石《たんぱくせき》**
語源	**ラテン語のオパルス（貴石）**
化学式	**$SiO_2 \cdot nH_2O$**
比重	**2～2.3**
結晶系	**非晶質**
硬度	**5～6.5**
劈開	**なし**

宮沢賢治の作品の中に何度も登場するオパール。二酸化珪素からできているとは思えない素晴らしい宝石です。

基本的に白地に赤・青・緑・そのほか多くの色が、見る角度によりゆらゆらとゆれるさまは、まるで**色が遊んでいるように見える**ことから「遊色（イリデッセンス）」と呼ばれています。オパールはこの遊色がどれだけ美しいかでその価値が決まります。

宝石は一般的に美しい赤が高い評価を受けますが、オパールもそれは同じで赤い遊色が強く出ているものほど高価です。ところが赤しか遊色がないというのはあまりよろしくなく、たくさんの遊色がある中で赤い遊色が一番強いオパールが最も高価です。

ほかに遊色を示す石として、ラブラドライト、ビスマス、レインボー・ガーネット、オプシディアンがあります。

オパールの産地

オーストラリア

テレビなどで何度も紹介されているオパールの街クーパーペディは、一攫千金を夢見た人間たちが集まってできた街です。上空からは建物がほとんど見られず本当に街なのかと思うくらいなのですが、住民たちは皆オパールのために掘った穴の中に住居を構えています。

砂漠の中に存在するクーパーペディは昼夜の寒暖の差が激しく、昼間は気温が四〇℃を超えるにもかかわらず夜は氷点下になる日も多くあります。このような環境ですから穴の中の方が圧倒的に快適なのだそうです。

このクーパーペディから産出するオパールは白地の美しいもので、向こう側が透けて見えるくらい透明な一級品も多く見つかります。

クーパーペディでもオパールを買うことができるのですが、オパール商店街はオーストラリアにはいたるところに存在しています。各都市にひとつは必ずあるのではないでしょうか。もちろん日本で買うよりも多少は安くなっていると思いますが、高品質のものはどこで買っても高いことに変わりはありません。

このオーストラリアが世界のオパールの九〇パーセントを産出しています。他の産地としてはメキシコがオーストラリアとはまるで異なったオパールを産出します。

日本でも福島県から高品質のオパールが産出します。しかし残念ながらその土地が個人の所有であることと産出量が少ないことから流通はありません。

オパールの種類

オーストラリアオパール

普通オパールというと誰もがこのオーストラリアオパールを想像することでしょう。白地に遊色が浮き上がるこのオパールは、通称ホワイトオパールと呼ばれています。中には向こう側が透けて見えるくらいに透明になったものもあり、それらはクリスタルオパールと呼ばれることもあります。

よく使われるプレシャスオパールは遊色の出ているオパールの総称です。それに対し遊色の出ていないオパールはコモンオパールと呼ばれていますが、そのようなオパールは正直いっておもしろくも何ともありません。

ブラックオパール

オーストラリアオパールの中には少量ですが、地が黒い（青いものも含む）ブラックオパールが産出します。日本の宝石店ではどちらかというとホワイトオパールよりもこのブラックオパールの方が多く店頭に並んでいるようです。

元々産出が少ないにもかかわらず多く売られているということは、それだけ日本人に好まれているということなのでしょう。

メキシコオパール
火山岩の中から産出するメキシコオパールは、別名「真っ赤に燃えるファイアーオパール」と呼ばれています。炎の色と同じオレンジ色の中に浮かぶ遊色は、信じられないくらい美しいものです。

しかし、産出が非常に少ないため遊色の有る無しにかかわらず売られていますが、遊色のないものはただの赤い石です。いくらファイアーオパールだといわれても、ハッキリいってつまらない石のひと言です。お金を出してまで手に入れる必要はありません。

ごくまれに地が青のオパールが見つかることがあり、それらはウォーターオパールと呼ばれています。

ボルダーオパール
特徴は、左右対称ではないいびつな形をしているところです。産出したままの状態を生かすため、母岩についたまま研磨したものをボルダーオパールと呼んでいます。

ボルダーオパールは決して特殊なオパールではなく、母岩から離してカット研磨を施せば、普通のプレシャスオパールになるだけです。

オパールの買い方

オパールの価格はそれこそピンキリです。透明か不透明か、何色の遊色が多くでているか、その遊色が冴えているか濁っているか、石自体が大きいか小さいかにより1万円のファッションリングから100万円もするゴージャスリングまで、予算に合わせて選り取り見取りに選ぶことができます。

指輪になって売られているオパールは、そのほとんどがダブレット・もしくはトリプレットに加工されています。つまり全部がオパールではないということです。

ダブレット（二枚重ね）

オパールである部分は下半分だけで、上半分は水晶かガラスを張り付けたものです。

トリプレット（三枚重ね）

一ミリほどに薄くスライスしたオパールを上下からサンドイッチしたものです。下に黒いガラスかプラスティック。その上にオパールを張り、さらにその上に水晶かガラスを被せるという手法です。

ダブレットもトリプレットもレンズ効果により遊色が浮き上がって見えますから、よっぽど詳しく見ない限り全体がひとつのオパールに見えます。

ソリッド

ひとつの石全部が一個のオパールのものをいいます。本来ならばそれが普通なのですが、ダブレットやトリプレットがあるため、ソリッドという呼び方をしなければならなくなりました。

私は個人的にオパールを指輪で買うことをお勧めしません。とくにソリッドの場合、オパールの特性を考慮したならばペンダントを選ぶべきだと考えています。

これはあくまでも私の友人の話なのですが、かなり無理をして購入した大粒のリングを障子の桟にカツンとぶつけてしまったそうです。指輪をしていたなら、いろんな所にぶつけてしまうことはよくあることです。その結果オパールは真っ二つ、しばらくは声も出なかったといっていました。

オパールは結晶ではないため非常にもろい宝石です。ちょっとした衝撃で簡単に割れてしまいます。これでは安心して外に出ることはできません。オパールを長く楽しもうと思ったら、極力こんな悲劇が起こらないようなものを買うべきです。

その点ペンダントならばオパールを何かにぶつける前に顔面がぶつかります。オパールは顔面で守る。そのくらい丁寧に扱う覚悟で購入しなければならない宝石がオパールです。

オパールの保存の仕方

オパールはウエットな宝石と呼ばれていますが、濡れているように見えるとか、湿っぽい話に似合う宝石という意味ではありません。**質量の三〜一〇パーセントが水**だといわれている本当に濡れた宝石なのです。

実際にオパールの中で水がチャプチャプしているかというと、そういうわけではありません。二酸化珪素の分子の隙間に水の分子が入り込み、それが遊色のもとになりオパールをオパールたらしめているということです。

ということは、オパールから水が抜けてしまうとオパールではなくなってしまうということなのです。オパールの保存はこれが最大のポイントです。

一般に宝石店で売っているオパールは、普通に扱っている限りは何の問題もありません。しかしあくまでも普通に扱っている限りです。夏の暑い日に日光が当たり続けるとか、冬の日にストーブの近くに置いて暖めてしまったりすると、簡単に水が抜けてしまう可能性があります。洗濯物と同じようにオパールも乾いてしまうのです。

オパールの日本名は蛋白石。「タンパクが出てますよ」の蛋白です。タンパク質といえば卵の白身。生の状態ならば透明な白身も、いったん熱を加えると真っ白になってしまい元に戻すことは不可能です。

オパールも、あっと思ったときにはゆで卵、よくても温泉卵くらいにはなってしまうでしょう。しかも、そのあといくら水に濡らしても二度と元に戻ることはありません。ミネラルショップで売られているオパールには、二四時間水に浸けておかなければならないくらいデリケートなものも多くあります。

もうひとつ水が抜ける状況として乾燥状態が考えられます。冬の乾燥した時期はお肌とともにオパールの乾燥にも気をつけてあげなければなりません。いつの間にかひび割れボロボロ、ニベアをぬっても「もう返らないあの冬の日」なのです。

オパールのダブレットやトリプレットは個人的にはあまり好きではないのですが、そうすることによって衝撃やキズに強くなり、また乾燥に強くなるのならば、これらの加工方法はオパールの必要条件なのですね。

オパールのお手入れ

宝石店のカウンターに行くと、「ステキな指輪をしていらっしゃいますね。クリーニングしましょうか」と必ず店員がいいます。私のカミさんなどは、すぐに「おねがいしまーす」とクリーニングしてもらっています。

クリーニングとは超音波洗浄機に入れて汚れを落とすことなのですが、オパールでこれをやると楽しい結果が待っています。

オパールは非晶質であるためきわめて振動に弱く、程度によっては粉々に粉砕されてしまいます。なにも考えずに超音波洗浄機に入れてしまうと、洗浄が終わったときにはリングだけで、「あれえ、オパールがないよー」ということになるでしょう。

いくら何でも宝石店がそのことを知らないとは思えないのですが、もしかしたらチャレンジャーな店員がいるかもしれません。

オパールのお手入れは、自分で優しく拭き掃除です。

「貝の火」という地球の神秘

宮沢賢治の作品の中でオパールは「貝の火」ということで登場してきます。「〜の火」というのはオパールの遊色を指しているのですが、「貝」というのはアサリやハマグリなどの貝のことなのでしょうか。

実はその通りなのです。土の中から出てくる「貝」といえば普通は「貝の化石」のこと。この「貝の化石」が単なる石にならずにオパールになったものが「貝オパール」なのです。

そのでき方は、貝殻の炭酸カルシウムが長い間に溶け、その隙間に二酸化珪素が流れ込み固まることによって貝の形に型取られたオパールの化石ができあがります。

考えてみれば不思議なものです。**生物がそのままの形でオパールに**なるなんて、地球の偉大さを感じざるを得ません。

ところがオパールになるのは貝だけではなかったのです。貝がオパールの化石になるのなら、他の生物だってオパールになっても不思議はありません。

一九九六年、オーストラリアでオパールになった中生代白亜紀の長首竜の化石が、ほぼ完全な形で発見されました。これは宝石としてだけでなく、鉱物としても化石としても大発見でした。ここまですごいオパールは即行で博物館行きです。現在はオーストラリアの博物館で大切に保管されています。

そのほかにも美しい鉱物になった化石は存在しています。アラゴナイトが表面に付着し遊色を示したアンモナイトの化石は、「アンモライト」という名前でペンダントになって売られています。

8
トパーズ

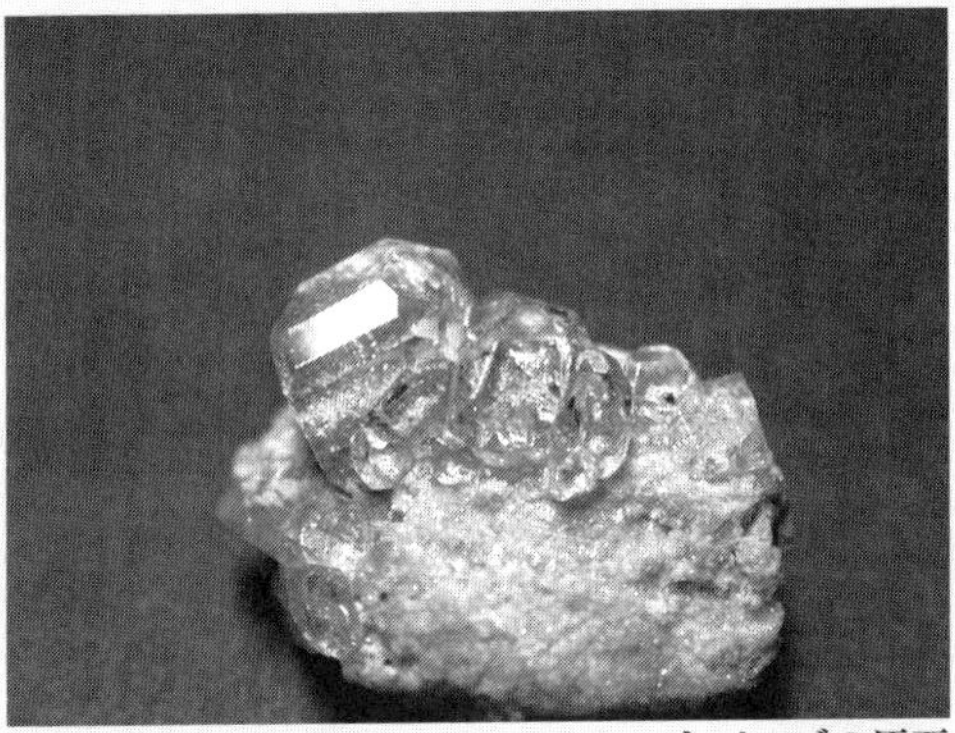

トパーズの原石

結晶の断面が平行四辺形という変わった形の四角柱で産出します。

純粋なものほど無色透明の美しい宝石です。

初めは同じ透明な鉱物ということで水晶と間違えやすいのですが、見慣れてくるとトパーズの光輝《こうき》は間違いなく水晶以上であることがわかってきます。

光の屈折率は水晶よりも高く、硬度はダイヤモンド、コランダムにつぐ8。

これらの性質がトパーズを美しく見せているのかもしれません。

トパーズ

Topaz

ブラジルの皇帝にちなんだインペリアルな石

鉱物名	トパーズ
日本名	黄玉《おうぎょく》
語源	トパゾン島で発見されたことによる
化学式	Al_2SiO_4（F,OH）$_2$
比重	3.5
色	無色、青、黄、ピンク
結晶系	斜方晶系
結晶	四角柱状
硬度	8
劈開	一方向に完全

トパーズの語源は「紅海に浮かぶトパゾン島で発見されたため」とされています。トパゾン島は現在のセントジョーンズ島のことだということは判明していますが、現在その島にトパーズの姿は見られません。

また古代の文献には「鉄のヤスリでトパーズを削ることができた」と書いてあります。硬度8のトパーズは鉄のヤスリでは削ることができないはずなのですが。

ではトパーズとはいったい何を指していたのでしょうか。現在セントジョーンズ島にはトパーズの姿はありませんが、その代わりペリドットが大量に産出します。ペリドットならばヤスリで削ることが可能です。

トパーズとはもともとペリドットのことを指していたのです。それがいつの間にか今のトパーズを指すようになったのでしょう。ちなみにトパーズという単語がいつから今のトパーズを指すようになったのかは謎です。

トパーズの産地

世界各地に多く産出するトパーズですが、インペリアルトパーズとなるとブラジルのみ。最近同じ鉱山からバイオレットのトパーズが発見されかなり驚いたのですが、まだ産出が少ないためか市場に出回るまでにはいたっていません。

世界的に見るとトパーズは比較的あちこちの国で産出しており、戦前は日本が名産地として世界に知られていました。ニューヨークにある自然博物館には一四六三カラット（約三〇〇グラム）のトパーズが日本産として展示されています。

もちろん現在でも宝石級のトパーズを見つけることはできます。有名どころは岐阜県中津川市付近。そこには中津川市鉱物博物館がありますから、トパーズについて詳しい話を訊いてみられてはいかがでしょうか。博物館には地元産のでかいトパーズも展示してあります。原石の不思議な形を堪能されることをお勧めします。

トパーズの種類

インペリアルトパーズ

もしこの石がなかったならば、トパーズが宝石になることはなかったかもしれません。そのくらい独特の風合いを持った人気の高い宝石です。

いわゆるシェリー酒の色（シェリーカラー）といわれるこの色は、オレンジとイエローが混じったような微妙な色合いです。

微妙な色合いというのはやっかいで、インペリアルトパーズもパパラチャのように濃い色から淡い色まで幅が広く、最近は「これぞインペリアル」と呼べるものにはなかなか出会えません。

一〇〇年以上前はインペリアルトパーズも普通にトパーズと呼んでいたのですが、アメジストを加熱すると美しいイエローのシトリンになることがわかり、それがシトリントパーズとして大量に売りだされたため一時期市場が大混乱しました。

そのため本物のトパーズを、当時のブラジル皇帝の優雅さを冠して「インペリアルトパーズ」と呼ぶことにし、それら**偽物と区別すること**になりました。

今ではシトリンはインペリアルトパーズの代用品という扱いになっていますが、それでもシトリンをトパーズだと思い込んでいる宝石店の店員が大勢いますので注意しなければなりません。詳しくはシトリントパーズの項目で。

ブルートパーズ

宝石店で売っているブルートパーズはすべて透明なトパーズに放射線をあて着色したものです。値段もかなり安く5カラットくらいでも四～五万円程度で買うことができます。

しかし、その色はいかにも着色っぽい色をしており、個人的には好きではありません。インディゴライトやサファイア、アクアマリンとも違う青は、まるで絵の具の水色のような青です。まれに天然のブルートパーズも産出するときがあります。しかし天然物は本当に色が淡く、取り扱いに注意しなければあっという間に退色してしまいます。

私は以前、岐阜県でブルートパーズを採集したことがあるのですが、毎日そのトパーズを眺めていたら1週間もしないうちにただの透明なトパーズになってしまいました。シクシク。

ピンクトパーズ

ピンク色をした石はモルガナイトやクンツァイトなどいくつかありますが、それがピンクのトパーズとなるとなぜかほかの石に比べ気品を感じてしまいます。

変な例えですが、モルガナイトはかわいい女の子、クンツァイトは美人さん、ピンクトパーズはとびっきりの美人な上、愛嬌がある。といったところでしょうか。エヘヘヘへ、なんだかベタ褒めだあ。

宝石店で売っているところはまだ見たことがないのですが、きっと高いんだろうな。

シトリントパーズ（シトリン）

シトリントパーズはインペリアルトパーズに色が似ているというだけの水晶です。日本では三〇年ほど前に、シトリントパーズという名前のトパーズだということにして、**悪質な宝石商が大もうけ**をしたらしいのですが、さすがに最近はそんなあこぎな商売はしなくなったと聞いています。

ところが先日、意地悪だとは思いながらも五件の宝石店で、「シトリンって何ですか」と試しに訊いてみたところ、恐るべきことに三件の宝石店が「トパーズです」と答えたではありませんか。中には「インペリアルトパーズの色の劣るもの」と答えたところすらありました。

知った上で言っているのか、それとも知らずに言っているのか。知った上というのは明らかに悪質ですが、知らずにというのはもっと悪質です。映画「インディペンデンスデイ」の大統領のように、「知らなければ嘘をついたことにならない」とでも経営者は思っているのでしょうか。もしそうならば、その宝石店の存在自体が悪質です。売れさえすれば何でもいいというこんな宝石店では決して買い物をしてはなりません。

「**シトリンって何ですか**」と訊いて正直に水晶だと答えないようなところは、初めからまともな石を売っているとは考えないことです。

トパーズの買い方

トパーズの買い方といえば、自動的にインペリアルトパーズの買い方ということになります。色の幅の広いこのトパーズは、オレンジの強いものからほとんどイエローのものまで、「インペリアル」の冠がついています。しかし、あまりイエローの強いものはイエロートパーズという別の名前になっている場合もありますし、色合いがシトリンとあまり変わらなくなってしまうため、さほど魅力的ではなくなります。

やはりインペリアルトパーズはオレンジ味がハッキリとわかるものを選ばなければなりません。そのような色のものは、本当にシェリー酒がそのまま結晶になったような色をしています。と、ここまで言っておきながら、私自身シェリー酒を飲んだことがないもので、インペリアルトパーズの色を見ながら「シェリー酒ってこんなに綺麗な色をしているんだ」って思っているだけでございます。ゴメンナサイ。

金額はブルートパーズの一〇倍と思っていれば間違いはないでしょう。しかし、一口に一〇倍とはいいましても、ダイヤモンドのようにトンデモナイ金額にはなりません。5カラットで四〇〜五〇万円くらいです。

もし格安のものがあったとしても、ちょっとでも石が曇っているようならば、それは「安物買いの銭失い」というものです。トパーズの輝きを楽しむためには、石が曇っていたのでは元も子もありません。曇りもインクルージョンもないできるだけ透明度の高いものを選びましょう。

「埃《ほこり》の硬度」

大切に大切に丁寧に丁寧に扱っていたにもかかわらず、ふと気がつくと指輪やペンダントがキズだらけになっていたなんて経験はありませんか。どこにもぶつけた憶えがないのになぜキズだらけになってしまうのか？

実をいうとその原因は埃です。

埃というと廊下に舞っている綿埃を思い浮かべてしまいますが、それは室内での話。室外での埃は、目に入るとつらい砂埃以外にありません。

さて、砂埃は何でできているのかといえば砂なのですが、その砂の成分は石英だと考えてもらってかまいません。地球上で最も多い鉱物が石英なのですから、砂も石英でできていると考えてしかるべきです。

では石英の硬度はというとモース硬度で7。よって埃の硬度は7ということになります。

埃の硬度が7ということは、普段身につける宝石の硬度は7以上でなければならないということになります。

宝石の条件として、「希少なこと」「美しいこと」そして「硬いこと」の3つがあげられます。この中の「硬いこと」というのは、硬度が7以上ということなのですね。硬度7以下ではすぐにキズだらけになってしまい、身につけることのできない宝石ということになります。そんな大変な宝石は誰も買ってくれないのです。

ところがオパール、スフェーン、フローライト、トルコ石、ラピス・ラズリなど、硬度が7を下回る宝石はいくつかあります。本来ならばキズがつきやすいということで宝石に加工はしない鉱物です。しかし、これらの石は「もろさ」を補ってあまりある美しさをもっています。これらの石を購入するときには店員が十分な説明をすることは当然ですが、ひとりひとりが石の特性を理解することがもっとも大切です。

9

ガーネット

ガーネットの原石

宝石店で売られているガーネットは、そのほとんどがパイロープとアルマンディンです。しかしそれはガーネットグループのほんの一部。

12面体、24面体、あるいは両方が混じった36面体で産出するガーネットは、まるで天然にカット研磨されたかのような宝石です。人工的なカットだけが宝石を輝かせるのではないことをこの石は教えてくれます。

ガーネット

Garnet

深いワインレッドは原石で楽しむ

鉱物名	**ガーネット**
日本名	**ざくろ石**
語源	**ラテン語：グラナトゥム（「ざくろ」の意味）**
化学式	$X_3Y_2(SiO_4)_3$
比重	**３.６～４.２**
色	**赤、ピンク、緑、褐色、黒**
結晶系	**等軸晶系**
結晶	**２４面体、斜方１２面体など**
硬度	**６.５～７.５**
劈開	**なし**

日本名ざくろ石、英名の語源もざくろを表すグラナトゥム。地域と時代を越えても同じざくろを連想させるのは、この石が深いワインレッド色をしていることと結晶の形が丸くコロッとしているからにほかなりません。

この石の歴史は古く、紀元前三〇〇〇年にはエジプトでジュエリーとして使われていました。ヨーロッパで流行したのは、それからかなり後の一九世紀になってからですが、それ以降ガーネットは身近な宝石として広く定着しています。

いきなりで何なんですけれど、カットされて指輪になったガーネットは個人的に好きではありません。赤とかワインレッドとか言いますけれど、ルビーに比べると明らかに見劣りがします。せっかく一月の誕生石になっているにもかかわらず、一月生れの人の多くが自分の誕生石がキライという理由はガーネット自体の色が地味だからなのでしょう。

ところが、同じガーネットでも**原石の状態ではむちゃくちゃかわいい**のです。丸くコロッとしているだけでも十分かわいい上に、日の光にかざすと真っ赤っかに燃えるようです。この赤はなぜか宝石になっているガーネットでは出すことができません。種類が違うということもありますが、ガーネットは原石のままの方が、よりそのよさが発揮されます。

さて、一口にガーネットと呼んでいるこの石は、大きくわけると6種類の「ガーネットグループ」を形成しています。

赤や緑のガーネットは単なる色違いではなく種類自体が違っているのです。次はその6種類を紹介していきます。

パイロープ（苦《く》ばんざくろ石）

化学式は$Mg_3Al_2(SiO_4)_3$。色は赤。硬度は7・5。

宝石店で売られているガーネットは、パイロープとアルマンディンがほとんどです。ほかにグロッシュラーもありますがめったに見かけることはありません。

ロードライトガーネット

このパイロープの中にちょっと色合いの違った赤紫のガーネットがあります。それがロードライトガーネットです。

ロードはギリシャ語で薔薇、ライトは石、要するにバラ色のガーネットという意味のこの石は、地味でもなければ暗くもありません。宝石の中でも際だって華やかです。この色なら値段が高くなるのも仕方がないでしょう。だいたい5カラットで二〇～三〇万円くらいです。

ロードライトばかりを持ち上げてしまいましたが、パイロープ自身も本来は美しい色を持っています。すでに絶産してしまいましたが、ヨーロッパで大流行したボヘミアンガーネットがパイロープでした。

美しい色合いで大人気のボヘミアンガラスも、元々は当時高価だったボヘミアンガーネットをガラスで模造しようとしたことが始まりです。

今ではボヘミアンガーネットを見ることはできませんが、色だけならばボヘミアンガラスで確認することができます。

アルマンディン（鉄ばんざくろ石）

化学式は$Fe_3Al_2(SiO_4)_3$。色は濃赤。硬度は7・5。

ルビーの赤に似ているという人もいますが、ハッキリ言ってぜんぜん似ていません。アルマンディンの赤は上から見た場合、どうみても黒に見えてしまうような赤です。宝石級の美しいものになって初めて太陽光に透かすと真っ赤な色がわかります。

しかし、太陽光に透かすと美しいなんていわれても、どうやってその色を楽しむことができるようなジュエリーにしろというのでしょうか。というわけでアルマンディンを綺麗だと思う人はあまりいないようです。

グロッシュラー（灰ばんざくろ石）

化学式は$Ca_3Al_2(SiO_4)_3$。色は黄緑、緑、褐色、ピンク。硬度は7。

このざくろ石本来の色はピンクと黄緑ですが、そのほかにも色や産状により3つの名前が付けられています。

ツァボライト

一九七五年頃、ケニアのツァボ公園で発見されたことからこの名前が付けられましたが、後にグロッシュラーの一種であることが判りました。この石はエメラルドに似た深い緑色をしており、十分宝石として通用するのですが、なにぶん産出が少ないため一般に認知されるまでには至っていない状態です。

トランスバールジェード

蛇紋岩中に固まりで産出するこの石は、ヨモギ餅のような色をしていることからトランスバールジェードとして売られていることがあります。

しかし、ジェードとは「ヒスイ」を表す総称。この石はあくまでも「トランスバールで産出したヒスイに似た色のグロッシュラー」ということですから注意が必要です。

それにしても宝石には、～ジェード、～ダイヤモンド、～トパーズなど、似ているというだけで違う石の名前を付けてしまうことが多くありすぎて困ります。ハッキリ言って迷惑です。

ヘソナイト

難しいことはありません。褐色になったグロッシュラーをヘソナイトと呼んでいるだけのことです。

スペサルティン（満ばんざくろ石）

化学式は$Mn_3Al_2(SiO_4)_3$。色は赤、黒、褐色。硬度が7。

原石の状態ですでにカット研磨されたような結晶面を持つスペサルティン。産出する場所によっては本当に顔が写ってしまうほどピカピカな面を持っています。

この石を見ると、けっしてカットして指輪やネックレスにしてはいけないと誰もが思うはずです。もし加工するにしても原石そのままの姿を楽しめるようにしなければ、せっかくのスペサルティンが泣いてしまいます。

しかし、残念ながらそのようにしてジュエリーになっているスペサルティンは未だかつて見たことがありません。

アンドラダイト（灰鉄ざくろ石）

化学式は$Ca_3Fe_2(SiO_4)_3$。色は緑、黄、黒。硬度は6・5。

アンドラダイトの中にもいくつか貴重で高価なものが存在しています。それらは宝石をコレクションボックスに入れ、ニヤニヤ楽しむ鉱物マニアたちのためにカット研磨されますが、硬度が6・5と低いため普通の宝石として販売されることはめったにありません。

デマントイド

アンドラダイトの中で最も希少できわめて高価な石がデマントイドです。草緑色のこの石がマニア向けにカットされる宝石です。

光の分散が強いこの石を上手にカットするとダイヤモンド以上の輝きが生まれます。もう少し硬度が高く産出が多ければ、間違いなくロードライトを抑えガーネットの代表になっていたことでしょう。

トパゾライト

アンドラダイトが薄い黄色〜濃い黄色になったものをトパゾライトと呼びます。たぶん色がトパーズに似ていることからこの名前が付いいただろうとは、誰が見ても思いますよね。

メラナイト

チタンを含むことで黒くなったアンドラダイトをメラナイトと呼びます。そのほとんどは黒色不透明ですが、希に赤くなったものも見つかっています。

レインボーガーネット

イリデッセンスを示すこのアンドラダイトは最近発見されたばかりの変わり種です。まだ研究が進んでおらず産出も希であるため、美しい虹色を示すものはトンデモナイ金額で取り引きされています。

ウバロバイト（灰クロムざくろ石）

化学式$Ca_3Cr_2(SiO_4)_3$。色が濃緑。硬度は7・5。

ツァボライトより濃い緑、しかも透明。クロムはいろんなところで活躍しています。ただし結晶がもろいため宝石として加工されることはありません。

ガーネットの買い方

ロードライトの赤紫に注目

単なる濃い赤ではなく、紫の入ったその色はほかのガーネットとは明らかに違うものとして扱うべきだと考えます。

赤紫というと同じ赤系統のルビーでは、あまり良しとされていませんが、ロードライトにおいてはそれが宝石となる条件になっています。

ほかに紫というとアメジストがありますが、アメジストはあくまでも紫で赤を含んではいません。それぞれの宝石にはそれぞれの決まった色があり、いくら美しくてもその基準からはずれると価値が下がってしまいます。

ロードライトはこの赤紫がどれだけ美しいかでその価値が決まる宝石なのです。

宝石として扱われる品質を持ったロードライトはどれも同じ色をしています。ですから価格は石の良し悪しで決まるのではなく、大きさで決まることになりますから単純に財布と相談しての購入でかまいません。もちろん色の薄いものやインクルージョンの多いロードライトもあります。しかし、それらは宝石ではなくアクセサリーとして加工されます。

宝石としてのロードライトは5カラットで約三〇万程度です。宝石はどうしてもむちゃくちゃ高いというイメージがありますが、**五〇万円を超えるものは本当にごく一部のものだけ**なのです。

ロードライト以外のガーネットは、同じ5カラットで約二〇万円です。それを下回る値段の石は買いであるといえるでしょう。

10

ヒスイ

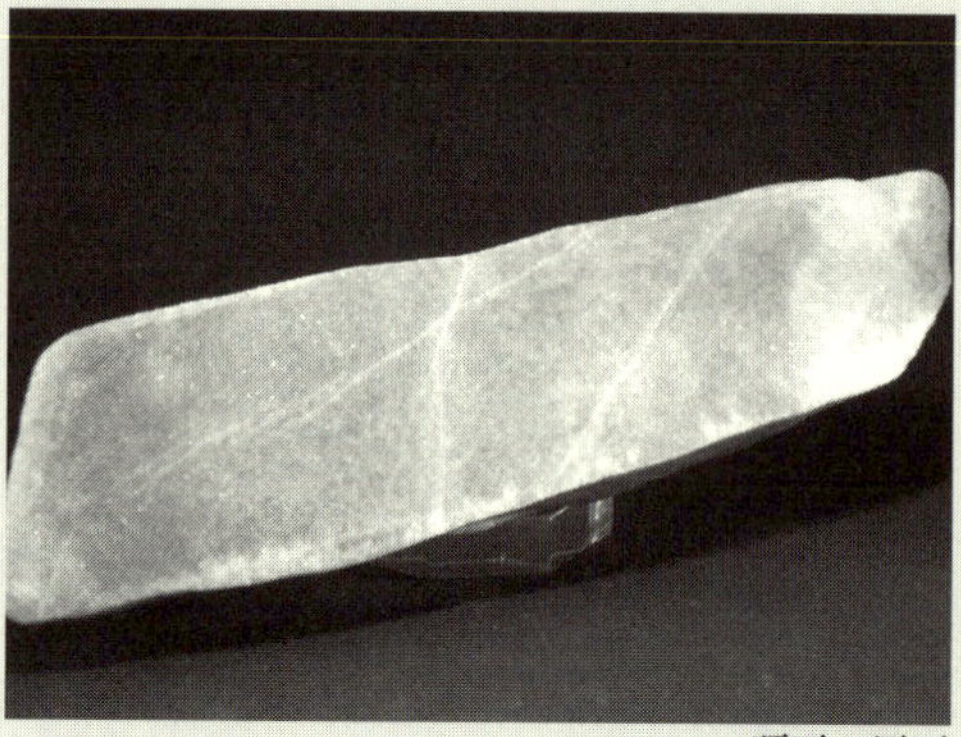

硬玉の原石

ヒスイは日本名で、鉱物名はジェード。語源はスペイン語のピエドラ・デ・ジャーダ（「腰を治すまじないの石」の意）です。

ヒスイには硬玉と軟玉の二種類があります。

過去には両方ともヒスイと呼んでいたのですが、実はまったくの別の石であることがわかり、現在では「ヒスイ輝石」でできている硬玉のみをヒスイと呼ぶことにしています。しかし、まだ硬玉と軟玉の両方をヒスイと呼ぶ習慣も残っており、しかもほとんどの人が、軟玉の存在自体を知りません。ヒスイというものは1種類しかなく無条件で硬玉のことを指していると思っています。往々にしてそこに不幸が生まれるのです。

例えば、次のような会話。

客「この仏像はヒスイでできていますか」

店「はい、ヒスイです」

これを翻訳してみますと、

客「この仏像は硬玉できていますか。」

店「はい、軟玉です。」

ヒスイ製品は今でもこのような形で販売されています。本当に誰もが欲しいと思っているヒスイは硬玉です。価値的にも100〜1000倍以上の開きがあります。一刻も早く軟玉はヒスイではないということを普及させなければ、これからも不幸は生まれ続けるでしょう。

硬玉（ジェーダイド）

まさに東洋の至宝！

鉱物名	**ジェーダイド**
日本名	**硬玉（ヒスイ輝石）**
化学式	**$NaAlSi_2O_6$**
比重	**3.2～3.4**
色	**白、緑、紫、橙、青、黄、黒**
結晶系	**単斜晶系**
結晶	**単鎖型**
硬度	**6（堅牢性大）**
劈開	**完全**

ほかの宝石とは違い単結晶ではなく細かい結晶がビッシリと絡み合っています。そのためとにもかくにも頑丈にできています。モース硬度こそ6と軟らかい部類にはいるのですが、真っ二つに割ろうと思ったならば硬玉ほど割りにくい石はありません。

ダイヤモンドはもっともひっかきキズがつきにくいことからモース硬度が10となっていますが、ハンマーでコンと叩くと粉々になってしまいます。

その点ヒスイはハンマーでバンバン叩いてもビクともしません。硬玉は「硬」と書きながらも実際には「**堅い**」**堅玉**というべきなのです。

硬玉（ヒスイ）の産地

ヒスイといえば中国という印象がありますが、

中国からヒスイの産出はありません。四〇〇〇年の歴史を持つと豪語している仏像や五重の塔の置物は軟玉もしくはその他の石で、ミャンマーからの輸入原石を中国国内で加工したものです。当時の技術では硬玉は堅すぎてとても加工などできなかったためです（今ではちゃんと硬玉も売っています）。

そのようなイメージもあってか、ヒスイは世界中で**「アジアの宝石」**という位置づけになっています。

日本

古事記の時代から日本とヒスイは切っても切れない関係にあります。日本各地から出土する勾玉など古代のヒスイ製装飾品は中国から輸入されたものだと以前は考えられていました。ところが昭和一三年に新潟県糸魚川市付近で原石が発見されたことから研究が進み、今では出土する勾玉のすべてが糸魚川から産出したものとわかっています。

縄文時代の中期から古墳時代の前期にかけて日本海側には「出雲の国」と「越の国」というふたつの国が栄えていました。越の国は硬玉（ヒスイ）という重要な資源をもっており、それは当時の豪族たちの権威の象徴として存在していました。

この越の国を治めていた人物は「奴奈川姫《ぬなかわひめ》」という女性であったといわれており、ヒスイを欲しがった出雲の国の大国主命が強引に奴奈川姫と婚姻関係を結んだといわれています。

しかし、その結婚生活は悲劇に終わりました。ヒスイの産地や加工技術などヒスイの秘密を教えてもらえなかった大国主命は奴奈川姫を殺してしまったのです。「鳴かぬなら殺してしまえホトトギス」というところでしょうか。

古墳時代にはいると越の国は衰退し、昭和初期に再発見されるまで、ヒスイは日本の歴史から完全に姿を消してしまいました。

現在は源流回帰といいますか村おこしといいますか、奴奈川姫の絵や銅像を糸魚川市のあちこちで見ることができます。

ミャンマー

現在商業的な採掘がもっとも多い国がミャンマーです。といいますかミャンマーのみです。日本では産地を天然記念物に指定しているため採掘はできません。

日本で売られているヒスイもほぼ一〇〇パーセントミャンマーからのヒスイです。そこでひとつ不思議なことがあるのですが、ミャンマーからのヒスイの産出は何百年も昔から続いていて現在もミャンマーだけです。

素直な疑問として「よくなくならないなあ」と思いませんか。これだけ長く採掘していたら山の一つや二つくらい無くなるどころでは済まないと思うのですが。南アフリカのキンバリーのようにビッグホールができているとも聞かないし、枯渇しそうとも聞かないし、どうなっているのでしょうか。

ヒスイの色

ヒスイは緑、緑に決まっていると多くの人が考えていると思いますが、実際には非常に多くの色を持っています。次はそれぞれの色を簡単に紹介していきます。

白

ヒスイは純粋であればあるほどその色は白になります。「白いヒスイなんてちょっとなあ」なんて思う人は、本当に純粋な白いヒスイを見たことのない人です。

白いヒスイはほかのどの石にもない神々しさがあります。私も初めて見るまでは白いヒスイのことなど何とも思っていませんでした。しかし、富山県朝日町の宮崎海岸に流れ着いた白いヒスイを初めて見たとき、正直いってその神々しさに吸い込まれそうになりました。今ではもっとも美しいヒスイは白だと確信しています。

青

コバルトヒスイとも呼ばれていますが、別にコバルトを含んでいるわけではありません。コバルト色の海と同じようにコバルト色のヒスイというだけのことです。

このヒスイも初めて見た場所は宮崎海岸でした。一目見たときには深い紺色、しかし太陽にかざすと光が通る。こんな色の宝石はこの青色ヒスイしかありません。このヒスイもヒスイのひとつの頂点だといえるでしょう。

黒

黒いヒスイはその「黒さっぷり」の見事さを楽しむべきでしょう。黒ですから見とれるというわけではありませんが、こんなのもあるのだとしみじみ思って見るヒスイです。

紫

ラベンダーヒスイと呼ばれているこのヒスイは、もちろんラベンダーが入っているわけではありませんし、「土曜日の実験室」というわけでもありません。

薄紫のこの石で光の通るものは今のところ見たことがありません。しかし、紫色という色はありがたがられるようで、このラベンダーヒスイは指輪にも加工されています。

緑

もっとも広く知られているヒスイの色が緑です。細かい結晶がギッシリ絡み合ったヒスイはなかなか光が通りにくいのですが、中にはかなり透明度の高いものがあり、それは琅玕《ろうかん》と呼ばれヒスイの最高級品となっています。また白熱灯下で若干青みのあるものは青玕《せいかん》と呼ばれています。

ヒスイの買い方

一般に知られているヒスイの姿は、緑の地に白い模様が入っているものというところでしょうか。広くそのように認識されているということは、宝石としてのヒスイの色は緑なのです。緑でなければ宝石としての価値はありません。それも緑の部分が多ければ多いほどヒスイの価値は高くなっていきます。宝石店で売っているヒスイはほぼ緑一色です。その中で少しでも色の濃いもの、透明度の高いものを選んでください。質の良いものは5カラットで五〇万円ほどでしょう。

しかし、琅玕や青玕と呼べるような硬玉は普通の宝石店では見ることができないかもしれません。もし売っていたとしても、金額はたぶん一〇〇万円を超える可能性があります。

ちなみにダイヤモンドなどを売っている普通の宝石店でヒスイというと、これは確実に硬玉（ジェーダイド）になりますからご安心ください。

日本ではとにかく緑というヒスイも、中国では結構いろいろな色が売られています。しかし中国人は色のついていないヒスイに価値を見いだしていないようで、白のヒスイは他の色に比べガクンと値段が落ちています。白好きの私としてはちょっとカチンときますが、考えようによっては美しいものを安く買えるということでナイスなのかもしれません。でも本当は日本産じゃなきゃイヤなのよー。

ヒスイの海賊版が中国から？

さすが中国という感じですが、ヒスイの海賊版とでもいいますか、いったん中国を経由したものは途中でどうなってるのかまったくわかりません。

よくあるものは色の悪いヒスイにオイルや樹脂を浸透させるものですが、これの出来の悪いものはちょっと暖めてやると樹脂が溶けだしてきたりします。ヒスイに浸含処理をするなんて、それだけでも許せないのですが、もっとタチの悪いものになるとヒスイではないぜんぜん違う石を着色しヒスイだといって売っていることです。もちろん鑑別書なんてついているわけありません。

私はこれらを**偽ヒスイ**と呼んでいます。

業者だって騙されています。ヒスイを原石で買い付ける場合、原石の表面は風化して中の状態がまったく判らなくなっていることが普通です。しかし中の状態が判らなければ誰も買ってくれませんから、原石の一部を研磨し中が見える窓を作ってそれで判断できるようにしてあります。業者はそれを見てヒスイの良し悪しを決めて買い付けるのですが、実際に買い付けて割ってみると綺麗な緑だったのは窓だけで、ぜんぜん商品にならないダメヒスイだったりすることもしばしばあるようです。

軟玉（ネフライト・ジェード）

Nephrite

石に罪はないのに、ヒスイの偽物扱い

鉱物名	**ネフライト**
日本名	**軟玉（透《とう》緑《りょく》閃石《せんせき》）**
化学式	**$Ca_2(Mg,Fe)_5(Si_8O_{22})(OH)_2$**
比重	**3.2～3.4**
色	**緑**
結晶系	**単斜晶系**
結晶	**4鎖型**
硬度	**5～6**
劈開	**2方向に完全**

軟玉は不幸な鉱物です。

過去には硬玉と合わせてヒスイと呼ばれ持ち上げられていたにもかかわらず、いったんヒスイではないとなった現在は「ヒスイの偽物」という扱いを甘んじて受けざるを得なくなったからです。

何だかルビーの偽物とされてきたスピネルと似ていますよね。

ただ問題なのはスピネルがルビーとハッキリ区別されていて、その存在を知らない人でも混同しないようになっていることに比べ、軟玉はいまだにその存在を隠したまま、ヒスイとして扱われていることです。

軟玉は本当に不幸な鉱物です。もし最初に硬玉と一緒にされていなければ、「軟玉はヒスイの偽物」などという扱いを受けず、その評価は今よりずっと高いものになっていたことでしょう。

軟玉（ネフライト）の買い方

ネフライトには買い方も何もありません。なぜなら**宝石店には決して売っていない**からです。ネフライトは仏像や五重塔などに彫刻され、壺などを売っている骨董品店で「ヒスイとして」売られています。

仏像も五重塔もヒスイ（硬玉）だと思うから騙された気になってしまうのです。初めから軟玉だとわかっていれば腹も立ちません。軟玉の深い緑は十分鑑賞に堪えることができる美しいものです。

あくまでも美しい軟玉の仏像を買うということで許してあげてはいかがでしょうか（何を？）。

でも、そうなったらそうなったで、「何で軟玉がそんな高いんだ」ってなってしまいそうですから、やっぱり軟玉は軟玉です。ああ、イメージって怖いわ。

ウソヒスイ

ヒスイ（翡翠）はあくまでも硬玉の宝石用語です。私の中では硬玉以外をヒスイと呼んではいけないことになっています。

ところで、先の偽ヒスイも私の造語なのですが、色が似ているというだけで何も知らない人に硬玉だと思わせて買わせようとする商品はみーんなウソヒスイです。

「日高ヒスイ」「高山ヒスイ」「トランスバール・ヒスイ」「翡翠玉」など。

これらは全部ウソヒスイです。確かに「ヒスイ」と言い切っているわけではないし、商品名だといわれればそれまでなのかもしれませんが、価値のない石をそれっぽく見せて売るというのは好きではありません。「これは硬玉ではありません」とか、少なくともその石の本来の名前を大きな文字で明記しておくべきです。ＰＬ法に抵触しないのかな。

ニュージェード・イエロージェードなどのパワーストーン？

パワーストーンですとか雑貨屋でよく見かける石ですが、もう何が何だかという感じです。商品名なのか石の名前なのかハッキリしてほしいものです。ちなみにニュージェードはネフライトのこと、イエロージェードは……何なんでしょうかねえ。

本当に石の名前は混乱していると思います。その中でも**ヒスイが一番ひどい**ように思うのですが、早くハッキリさせないと消費者にそっぽを向かれるのは時間の問題ですよ。

11

コーディエライト

アイオライトの原石

ひとつの石が見る角度によって色を変える。その性質を「多色性」といいます。コーディエライトの特徴はこの多色性が著しくあらわれていることです。

日本名を菫青《きんせい》石というとおり、すみれ色の美しい青をしていますが、90度回転させると、その色は黄緑色へと変化します。

宝石としてカットするときには、指輪やネックレスの台座でその方向を隠し、多色性がわからないようにしてしまっています。

アイオライト Iolite

宝石店で買ってもわからない多色な石

鉱物名	コーディエライト
日本名	菫青石《きんせいせき》
化学式	$(Mg,Fe)_2Al_3(AlSi_5O_{18})$
比重	2.6
色	多色性あり、青、濃青、無色
結晶系	斜方晶系
結晶	柱状
硬度	7〜7.5
劈開	なし

多色性を示す石としてもっともポピュラーな石がアイオライトです。この石を立方体にカットすると三方向からの色の違いをハッキリ見て取ることができます。

このアイオライトの語源はギリシャ語で青紫を意味する「イオス」と、石を意味する「リトス」の造語であくまでも宝石名です。鉱物名は「コーディエライト」、日本名は「菫青石」となっています。

アイオライトの買い方

青系統の石はサファイアの代用品として使われることが多く、このアイオライトも一九九〇年頃はウォーターサファイアという名前で売られていました。

今ではその名前はまったく聞かなくなりました

が、このような経緯からか、今でも指輪などにカットするときは見る方向によって色が抜けることをわからないようにしています。

ほとんどの場合真上から見ると美しい青ですが、その方向に対して九〇度ずらして見るとわずかに褐色になった透明か、わずかに青みがかった透明になってしまいます。確かに真上から見たときに透明では、何が楽しくてカットしたのかわけのわからない宝石になってしまいます。

よって、宝石店に並ぶアイオライトは今ひとつ多色性がわかりづらいものが多いです。最近は**ミネラルショップに行くと、**アイオライトをアイオライトとして楽しもうとする人たちのために多色性を確認しやすいカットを施されたルース（台にはまっていないカットしただけの状態のもの）を売っています。

この状態で売られているアイオライトは価格も安く、3カラットで五〇〇〇円前後の値段です。しかし、宝石店に並ぶアイオライトは、同じ3カラットでも五万円前後してしまいます。

この価格差にはビックリなのですが、指輪になっているものは台に使われているプラチナの値段や、飾り石として周りにくっついているダイヤモンドの値段などで価格がドンと上がってしまうのです。

また、多色性がハッキリわかるカットを施されているものは、石自体がもろい可能性があります。普通原石をカットする場合には結晶が伸びる方向と同じ方向にカットするのですが、多色性を見せるカットをするためには斜めの方向にカットしなければなりません。

そのため、斜めの方向から力が加わるとパカッと簡単にいってしまう可能性があります。多色性が強くわかるアイオライトを買ったならば、指輪になどせずコレクションボックスに入れてひとりでニヤニヤ楽しむ以外楽しみ方はなさそうです。

青系統の石がサファイアの代用品という扱いを受けやすいといえば、一九九〇年当時ウォーターサファイアは**明らかにサファイアとして**売られていました。「サファイアの濃すぎる青がちょっとね」という人に、「薄い色のサファイアもありますよ」といって、このアイオライトを出していたのです。値段もサファイアとほとんど変わらなかったのですから、もしかしたらその当時サファイアのつもりでアイオライトを買っていた人がいたのではないでしょうか。もし身近にそういう方がいらっしゃったなら、当然ですが黙っておきましょう。

話は変わりますが、最近手芸店などで原石のビーズをたくさん売っているのを見かけます。それにしても原石のビーズってむちゃくちゃ高いですよね。アイオライトのビーズももちろん売っていますが、親指と人差し指でつまめるようなちっちゃーいビーズが一個一〇〇〇円なんて値段で売っている店もありました。

ハッキリいってビックリです。思わず我が目を疑ってしまいます。一個一〇〇円でも高いと思うのですが、一個一〇〇〇円なんてこのばかげた値段は何なんでしょうか。

そんなある日、まったく同じビーズを私のカミさんが150個も買ってきたのです。一〇〇〇円×一五〇個で一五万円。私は思わず目眩がしてしまいました。

ところが、カミさんを怒鳴りつけようとした瞬間、カミさんの口から思いがけない言葉が・・・。

「全部で一〇〇〇円だったよ」

「は？　一個一〇〇〇円じゃないの」

「ううん、一五〇個で一〇〇〇円だよ」

「・・・なんじゃそりゃー！」

いったい石の値段ってどうなっているんでしょうか。もちろんいくらで仕入れたものをいくらで売っても自由なのですが、こっちが何も知らないと思って好き勝手な値段をつけるんじゃないといいたくなります（いえませんけど）。

確かに**石の値段ってわけがわからない**ときが多いです。数ある宝石店の中には、「一〇〇万円を九割引で一〇万円」なんていって売っている店もあるようですが、そんなのいったいいくらで仕入れてきて最初に一〇〇万円なんて値段を付けるのでしょうか。本当は初めっから一〇万円が妥当だったんじゃありませんか。

こんな売り方をされたんじゃ、自分の目で相場を確かめるなんてことはできません。結局宝石業界は消費者不在なんでしょう。

すみません。アイオライトの話です。

アイオライトの色はエンハンスメントなどを施されていない天然のままの色です。宝石店に並ぶ石のほとんどが加熱などの色処理を受けている事実から見ると、天然のままのアイオライトは今となっては珍しい宝石なのかもしれません。

過去には「これから必ず人気が出る石」といわれていたのですが、残念ながら現在は知名度が低いいま宝石店から姿を消しつつあります。

天然のままの無垢な宝石であるアイオライトが、あらためて人気者になるといいなと思う今日この頃です。

12

ゾイサイト

タンザナイトの原石

通常産出するゾイサイトは、草餅のような緑色をした、どちらかというと地味な印象を受ける鉱物です。ところが、中にはピンクになるものや、青紫の美しい結晶になるものがあり、前者をチューライト、後者をタンザナイトと呼んでいます。

タンザナイト

Tanzanite

タンザニアの夜をあなたに

鉱物名	**ゾイサイト**
日本名	**灰簾石《かいれんせき》**
化学式	$Ca_2Al_3(Si_2O_7)(SiO_4)O(OH)$
比重	**3.2～3.4**
色	**多色性あり、青、藍、赤**
結晶系	**斜方晶系**
硬度	**6～7**
劈開	**完全**

一九六〇年代にタンザニアで青紫のゾイサイトが発見され、当時ティファニーの社長だったプラット氏がタンザナイトと名付けました。

よってタンザナイトは**あくまでも宝石名**であり鉱物としてはゾイサイトという名前です。

一九九〇年前後から産出量が増えたため値段が手頃になり、最近はどこの宝石店でも見かけるようになりました。

青紫の大変美しい宝石であるタンザナイトには多色性という性質があります。この多色性とは見る角度によってその石の色が違って見える性質のことで、アレキサンドライトのような光源の種類によって色が変わる性質とは異なります。

多色性を示す石はいくつかありますが、タンザナイトの場合は青、藍色、赤の3つの色を見ることができます。

どの角度から見たらどの色かということは、宝石になってしまうとわからないのですが、ファセットはどの面もそれぞれ角度が違うため、上から見るとうまい具合に三つの色が現れています。

タンザナイトの産地

タンザニア

今のところタンザナイトはタンザニアでしか見つかっていません。しかもタンザニアならばどこでも採れるというわけではなく、メレラニ鉱山という鉱山からのみの産出になります。

一九七〇年代、八〇年代、そして九〇年代までは大粒の原石の産出も多く安定した供給ができていましたが、一九九八年に大洪水により鉱山が水没してしまいました。

一説によると二〇〇人以上の鉱夫が水死したといわれています。そのため3年近く鉱山が閉鎖され、タンザナイトの産出は止まってしまいました。

現在は鉱山も再び稼働し、以前のように良質なタンザナイトが産出しています。

タンザニアのある東アフリカは、これからの宝石の産地として非常に有望な地域です。中東アジア、中国と合わせて今後の産出動向が気になります。

またタンザニアにはタンザナイトではありませんが、ルビーとともに産出する緑色のゾイサイトがあり、それはルビーインゾイサイトと呼ばれています。

タンザナイトの買い方

この石は、青紫が濃く透明度が高ければ高いほど美しいとされています。しかし、前述したとおりタンザナイトには多色性があります。それをよしとするかどうかはその人次第なのですが、同じ青系統の宝石であるサファイアとの決定的な違いとして**多色性はタンザナイトの個性**と認識してはいかがでしょうか。

ヨーロッパでは多色性の少ないサファイアに似た色のものが好まれているようです。青紫がタンザナイトの色と決まっているわけですから、そこに赤が強く入っているものが敬遠されるのは仕方がないのかもしれません。

しかし、タンザナイトはサファイアの代用品ではありませんから、多色性が強いとか弱いとかにこだわる必要はないと思います。ただし、多色性が強く出すぎていたり、太陽光で紫がかっているものは、タンザナイト本来の色がわからなくなってしまいますから避けた方がよいと思われます。

インクルージョンの有無はその場所にもよりますが、元々濃い色をしている石のため肉眼でハッキリ見えないものは美しさに影響を与えません。カット面に直にキズがある場合を除いては価値が下がることもありません。

タンザナイトは、欧米、とくにアメリカで人気の高い宝石です。ティファニーが積極的に売り出したことに加え、一九九〇年代のアメリカの好景気がその人気に拍車をかけました。その上九八年の鉱山閉鎖により一時的に価格が上昇しましたが、アメリカのバブル崩壊により在庫が放出され反対に値を下げてしまいました。二〇〇一年に採掘が再開され良品が多産したことから、価格は比較的安値安定を続けています。しかし最近は産出量が減り始めてきているようです。もしかしたら産出調整をしている可能性もありますが、本当に産出が減っているのなら、今後の価格上昇は避けられないでしょう。

安い在庫が供給されている今がタンザナイトの買い時かもしれません。大粒で品質のよいものを見つけたならば、思い切って買ってしまってもよいでしょう。価格は10カラットでも三〇万円くらいです。

タンザナイトのお手入れ

タンザナイトはもろい宝石でもあります。オパールほどではありませんが、いつの間にかエッジが欠けていたり、どこかに強くぶつけたりすると最悪の場合パッカリ割れてしまうこともあり得ます。もちろん超音波洗浄機の利用も禁止です。

それらのことを考え合わせると、タンザナイトは指輪で買うよりもペンダントなどにしておいた方がよいでしょう。それでも風の強い日などは埃キズがつきそうですから、身につけて外出することは控えたいものです。

タンザナイトはこれらの性質をしっかり把握した上で購入しなければなりません。

13

オリビン

ペリドットの原石

まるで新緑のような鮮やかなアップルグリーンのオリビン。

この色をもった宝石はペリドット以外にはありません。

ペリドットは産出量が多く価格が安いことから、よくエメラルドの模造品として使われることがありますが、そのようなまがい物に騙されないためにも、ペリドットの存在を必ず知っておかなければなりません。

まがい物扱いをされているペリドットですが、その色は本当に美しく、多くのファンをもっています。

ペリドット

なるべく大きな石を買って、鮮やかな新緑を楽しむ

鉱物名　**オリビン**
日本名　**橄欖石《かんらんせき》**
化学式　**（Mg, Fe）$_2$SiO$_4$**
比重　**3.3〜3.7**
色　**黄緑**
結晶系　**斜方晶系**
硬度　**6.5 〜7**
劈開　**なし**

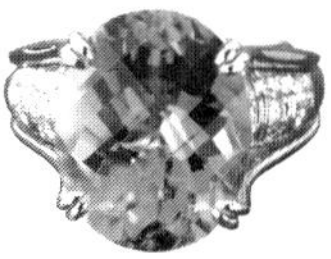

オリビンには苦土《くど》橄欖石《かんらんせき》と鉄橄欖石があります。鉄橄欖石は真っ黒いためおもしろくも何ともないのですが、苦土橄欖石は黄緑になり宝石として扱われます。この苦土橄欖石の宝石名がペリドットです。

ペリドットが最初に発見されたのは、セントジョーンズ島。過去においてトパゾン島と呼ばれていた島です。当時はトパーズと呼ばれていたのですが、いつの頃からかペリドットという名前に変わりました。

では、ペリドットの語源なのですが、エピドート（緑簾石）と色が似ていたことからこの名前が付きました。今でこそこのふたつの石の色は、「緑っぽいところがちょっと似ているかな」というレベルなのですが、昔はルビーとガーネットを同じ色としていたくらいですから、この程度の違いは大きな問題ではなかったのでしょう。

鉱物名のオリビンの語源はというと、これはオリーブの実に似ていたからということで、とってもわかりやすいです。

ペリドットの産地

歴史的な産地である、セントジョーンズ島からの産出は現在ほとんどなく、比較的多くの国から産出しています。

アメリカ

アメリカのアリゾナから産出するものは、他の産地のペリドットに比べブラウン味の強い緑色をしています。ペリドットは鮮やかな緑色が売りの石ですから、このような色のものの価値は高くありません。しかも大粒の石が産出せず、ほとんど5カラット以下の原石であるため、ジュエリーよりもアクセサリーに向いています。

ミャンマー

ピジョンブラッドで有名なモゴック鉱山の近くからペリドットが産出します。アメリカのものと比べるとブラウン味が少なく鮮やかな緑は、オリビンという名にふさわしい色です。

また、10カラット以上の原石も産出し、大粒の指輪やペンダントに多く用いられています。

ノルウェイ

もし、アメリカ産、ミャンマー産、ノルウェイ産のペリドットを見比べてみることができたなら、誰もがノルウェイ産のペリドットがもっとも美しいと感じるでしょう。

若干淡めではありますが純粋にグリーンといえるこの色と鮮やかさ、そして透明度の高さが宝石の美しさを決定する重要なファクターであることをあらためて確認させてくれます。

ペリドットを買うならばノルウェイ産。というよりも、美しいものを選んだら、たいていはノルウェイ産になってしまうでしょう。

ペリドットの買い方

ペリドットは産地によって微妙に色合いが違うため、それぞれに価格体系を作る必要がありそうな気がしますが、産出が多く希少性がないため十把一絡げの扱いをしても誰も文句は言いません。**要するにペリドットは安い**のです。安いからにはなるべく大粒の石を選んでみてはいかがでしょうか。色自体はエメラルドの緑を薄くしたようなものですから、粒が大きければ大きいほど鮮やかな緑を楽しむことができるでしょう。

ペリドットの品質は緑の中にブラウン味があるか否かとキズの有無で決まります。当然ブラウンの強いものは価値がガクンと低くなります。また、ミャンマー産のものは大粒ではありますがカットが悪く、キズの目立つものが多くあります。リカットすれば美しくなるものもありますが、ペリドットに高いお金を出して再びカットをするということは合理的ではありません。最初から美しいものを選びましょう。

気になる金額ですが、3カラットで三万円というところです。しかもこの金額は指輪になって台に乗った上での金額です。ハッキリいって「うげっ」っと思うくらいデカイ石が「うおっ」と思うくらい安い金額で売られています。

縁があれば、コブシくらいの大きさのペリドットを買うことも無謀な選択ではないときがあるかもしれません。

ペリドットはその淡い緑からエメラルドの代用品として用いられることが多くあります。「〜エメラルド」となっているものは、**そのほとんどがペリドットです**。

もし色の淡いエメラルドがあったならば、即座にペリドットだと考えましょう。必ずどこかに小さくペリドットと書いてあります。書いてなかったら違法ですから。

14

ラズライト

ラピス・ラズリの原石

宝石名をラピス・ラズリというこの石は、1種類の鉱物からできていると思われがちですが、大きくわけて3つの鉱物の集合体です。

青い部分はラズライト、金色の部分は黄鉄鉱、そして白い部分は方解石や長石などからできています。

また、青い部分のラズライト自体が数種類の鉱物の混合物だといわれることもありますが、あくまでもラズライトというひとつの鉱物です。

ラピス・ラズリ

Lapis lazuli

瑠璃《るり》の美しい夜空を原石で買う

鉱物名	ラズライト
日本名	青金石《せいきんせき》（瑠璃）
語源	ラテン語のラピス（石）、ラズリ（青）
化学式	$(Na,Ca)_8(Al,Si)_{12}(O,S)_{24}[(SO_4),Cl_2(OH)_2]$
比重	2.4
色	群青色
結晶系	等軸晶系
硬度	5〜5.5
劈開	なし

深い深い濃紺の石ラピス・ラズリ。日本で瑠璃《るり》といえばラピス・ラズリのことを指します。

このラピスの最大の産地はアフガニスタン。その昔ラピス・ラズリはシルクロードを通り西はヨーロッパから、東は日本まで広く伝わっていました。奈良の正倉院にはラピス・ラズリの装身具が納められています。

一方、西のヨーロッパでは、中世までラピスのことをサファイアと呼んでいました。「青ければ何でもサファイアなのか」という気もしますが、本当のサファイアは当時「ヒヤシンス」と呼ばれていたのですから、昔のことは何が何だかわかりません。

聖書の「出エジプト記」や「啓示」の部分に出てくる宝石が、版によって違っていたりするのは、同じ石であるにもかかわらず、時代や地域によって呼び名が変化していったからなのです。

また、ミケランジェロの描いた「最後の審判」という有名な絵がありますが、その背景の空はすべてラピス・ラズリで描かれています。当時、ラピス・ラズリの顔料は「ウルトラマリン」と呼ばれかなり高価だったのですが、これほどふんだんに使われたのはルネサンスのパトロン様々《メディチ》だったのですね。

ラピス・ラズリとそのほかの鉱物

多くの人がラピス・ラズリにもっている印象は、「濃紺に金色の粒が入り、まるで宇宙に浮かぶ星々を見ているような、そんな幻想をもたせてくれる石」ではありませんか。また、そうでなければラピスではないというふうに思っている人も少なくないと思います。

このラピスに強いアクセントを与えている金色の粒は、パイライト（黄鉄鉱）という鉱物です。金だったならばどんなによいかと思いますが、あくまでもパイライトという金ではない鉱物です。

また、白い部分もありますが、それはカルサイト（方解石）もしくは長石です。しかし、この白い部分が入っているとせっかくの濃紺が薄くなってしまいますから、あまり喜ばれません。

そして、濃紺の部分。それがラピス・ラズリ本体です。

一般的に美しいと感じるラピスは、濃紺と金色がうまくバランスしています。カルサイトや長石の存在は品質を大きく下げてしまいますから、ないに越したことはありません。

ラピス・ラズリの産地

アフガニスタン

もっとも美しいラピス・ラズリを産出する国は、現在ちょっと大変なアフガニスタンです。もちろんほかの国からもラピスの産出はありますが、アフガニスタン産ラピスの足元にも及びません。

なぜかわかりませんが、ほかの国のラピスは全体的に白っぽいものばかりです。ラピスは青と思っている人は、ちょっとがっかりしてしまうくらい薄い青のラピスです。それに比べアフガニスタンのラピスは「これぞラピス」という濃紺。これだけで十分アフガニスタン産のラピスはほかの国のラピスに差をつけています。ていうか、アフガニスタン産以外ぜんぜんダメじゃんという感じです。

しかも、金色のパイライトの粒が入っているものはアフガニスタン産のラピスのみ。ほかの国のラピスにはパイライトは入っていません。

多くの人が抱いているラピス・ラズリの印象は、すべてアフガニスタン産のラピス・ラズリに対しての印象なのです。

一九八四年に起こったアフガニスタンの内乱で、当時の政府はこのラピス・ラズリを西側諸国に大量に売りさばき戦費を稼ぎました。そのため今でもラピス・ラズリは市場に大量に出回っています。ラピス・ラズリがそれほど高くならないのは（それでも十分高いですが）すべてこのためです。

ラピス・ラズリの買い方

ほかの宝石と違い最高品質のラピス・ラズリはファセットをつけたりカボッションにすることはありません。ラピスの美しさを最大限に引き出せるカットはその表面をフラットにすることです。カボッションになっているものはアクセサリーとしてしか利用できない品質だと考えてください。フラットに研磨された最高品質のラピスはまるで夜空のようです。夜空といえば星が見えなければならないのですが、うまい具合にパイライトがその役目を果たしてくれています。**パイライトの有無は夜空の星の有無**です。私は少しだけ入っていた方がよりラピスが美しく見えると思っています。

夜空の星がとても美しく見えるのは、ほんの少しだけ光っているからです。また、深い深い宇宙にもし星がなかったとしたら、それは寂しいものになっていたでしょう。濃紺のラピスにも星があった方がより美しいと思います。**少しだけキラキラッ**としていることが美しさのポイントですね。

最近はどの宝石店でもラピスはあまり売られなくなってしまいました。そうなると高品質のラピスを見る機会が減ってしまうことが残念です。ですからラピスを購入しようと思ったときには一軒だけではなく何軒も宝石店を廻らなければ、良い色のラピスには出会えないかもしれません

宝石店で売っているラピスは、2センチほどの大きさで二〇万円以上は確実にするでしょう。これは高いです。簡単に出せる金額ではありません。

そこで、大きくて美しくて品質が高くて、しかも安いラピスを手に入れるために、各地で開催されて

いるミネラルフェアを利用してはいかがでしょうか。ミネラルフェアは基本的に原石の販売なのですが、ラピスは原石の方が絶対に美しいと思っています。

拳ひとつほどもある濃紺のラピスにパイライトの星がきらめいている。空は広ければ広いほど美しい。しかも、それだけ大きくて美しくても金額は二万円ほどで買えてしまうのですから、この価格差を考えたならラピスは原石でもった方が確実に満足できます。

しかし、そこまで大きいと普段から身につけるということはできません。でもノープロブレムです。ラピスは家に帰ってから、ひとりで楽しめばいいのです。手にとって頬ずりしてその美しさに毎日うっとりしていればそれでいいのです。他人に見せる必要なんかありません。

ん？　他人に見せる必要なんかない？

うおおおお、「他人に見せる必要のない石」。自分で書いていてビックリしてしまった。

本来、付加価値だけで成り立っている商品というものは、車だろうが毛皮のコートだろうが、それを人様に自慢して、いかに自分の虚栄心を満足させることができるかに価値のすべてがあるはずです。ましてや宝石なんてその典型、どんな宝石でも他人に自慢できるからこそ宝石と呼ばれるのです。

自慢できなければ価値などないはずであるのに、それなのにラピスだけは他人に見せても意味がないなんて。何だか普通じゃない。

うーん、これと同じ状態にあるものといったら、神社に祀られているご神体くらいのものじゃないだろうか。ご神体ってものは、そこにあることが重要なわけで、「ホレホレ」と人に見せるようなものじゃない。

そうだ、ラピス・ラズリはご神体なのだ。

普段は自分の部屋の奥にしまい込み他人には見せない。家に帰ってきたらそっと取り出し、手を合わせて拝みましょう。それがラピスの本当の楽しみ方に違いありません。たぶん変な電波は聞こえてこないと思います。

着色ラピスを見破る方法

いきなりラピスがご神体になってしまいましたが、このご神体を着色して売っている場合がありますす。こんなラピスに騙されてはなりません。偶像崇拝禁止です。

この着色したラピスを見破る方法ですが、アセトンで拭いてみると簡単に色落ちしますから一発で見抜くことができます。本物ならば決して色落ちすることはありません。

通信販売のラピス

ずっと昔から、いろいろな雑誌の後ろのページにラピスの通信販売の広告が載っています。

「あなたの悩みは何ですか」「このままではいつか大きな不幸が訪れます」など、ほとんど脅迫状態。そこで「このラピスを身につければ、悩みは一挙解決、不幸からも身を守ってくれます」ときます。そのラピスは、「それをもつ人に不幸が訪れると色が抜け、変わりにその不幸を背負ってくれる」らしく、そしてその人から不幸が去ると色が元に戻るそうです。

また、「ある日ラピスが灰色になっていて、一週間で元に戻りました」というような体験談がたくさん載っていますから。つい申し込んでしまった人も多いのではないでしょうか。

私のカミさんもそのひとりでした。

まあ若かりし頃の話らしいのですが、広告の品よりもよいものがあるんじゃないかと、わざわざその会社まで行ったというのですから広告の威力はすごいものです。

結局、一万円も出してちっちゃーいラピスを買ったそうなのですが、一週間もしないうちに夢から覚めて、「なんだかなー」な気分になったといっていました。

今でもそのラピスはもっているらしいのですが、身につけることもなく、タンスのどこか奥の方にしまわれているそうです。

ミネラルフェアで売っているラピスはグラム売りで売っていますが、それでもこのラピスに比べると圧倒的に安いようです。

不幸を背負ってくれるということを信じるか信じないかは人それぞれですが、もし信じるならばなおさら大きくて美しいラピスを手に入れてもらいたいものです。

名前が似た鉱物

天藍石《てんらんせき》という鉱物があります。この鉱物の英名はラズライト。ラピス・ラズリの英名もラズライト。

同じ名前ですが違う鉱物ですから間違えないように注意してください。

天藍石：ラズライト（lazulite）

ラピス・ラズリ：ラズライト（lazurite）

LとRの違いだけなのですね。これじゃ日本人には無理です。でも見た目はぜんぜん違いますから間違えることはなさそうです。

ちなみに、アズライト（藍銅鉱《らんどうこう》）という鉱物もあります。

15

ターコイズ

トルコ石の原石

歴史的にはペルシャ（現イラン）から産出したトルコ石ですが、現在の主産地はアメリカおよびメキシコです。

昔から非常に多くのイミテーションが出回っており、名前はメジャーであるにもかかわらず、本物を見たことのある人は少ないのではないのでしょうか？

トルコ石は結晶になることは極めてまれで、通常は塊状で産出します。

トルコ石

練りトルコ石に騙されて……

鉱物名	**ターコイズ**
日本名	**トルコ石**
化学式	$CuAl_6(PO_4)_4(OH)_8 \cdot 4H_2O$
比重	**2.6～2.8**
色	**空色、緑**
結晶系	**三斜晶系**
硬度	**5～6**
劈開	**完全**

トルコ石はトルコから産出するからトルコ石というわけではありません。ペルシャ（現イラン）で産出した石が**トルコを経由して**ヨーロッパに運ばれたことからトルコ石と呼ばれるようになりました。

トルコ石ブルーと呼ばれる青色のこの石は、繁栄と幸運をもたらす石として中近東で古くから大切に扱われています。

この色は鉄と銅による発色で、鉄分が多ければ青色に、銅が多ければ緑になっていきます。よってトルコ石には青と緑の2種類が存在することになります。

また、トルコ石には独特の黒い網目模様（蜘蛛の巣模様）がありますが、その有無はあくまでも好みであって品質に影響しません。

本物は高価

今はもうどこへ行っても、本物のトルコ石はほとんど売っていないでしょう。産出が減ってしまい、かなり小さなものでも結構な金額になっているため、なかなかお気軽にというわけにはいかなくなっています。

その代わりといっては何ですが、今ではトルコ石のイミテーションが花盛りです。それぞれの宝石にはそれぞれにイミテーションがありますが、トルコ石ほどイミテーションが本物に取って代わっている石はありません。そのため、本物のトルコ石には、あえて「本物」と書かれていたり、「ナチュラル・ターコイズ」と書かれていたりします。

トルコ石は買い方よりも何よりも、まずイミテーションがあって、それがイヤならば本物を探しましょうという後ろ向きな石なのです。

ハウライト・トルコ石

もっとも多いトルコ石のイミテーションがハウライト・トルコ石です。ハウライトという色以外はトルコ石そっくりな石を青に染めて売っています。同じ水色ではあるのですが、いかにも絵の具を塗ったような色はトルコ石を見慣れてしまえばその違いは明らかであるものの、初めて見る人にはその違いはわからないでしょう。

このイミテーションを売っているところは雑貨店になりますが、ちゃんと「ハウライト・トルコ石」

という名前が書かれています。でも、ハウライトが何か知らなければ、ハウライトという種類のトルコ石かと思ってしまいそうです。イミテーションは、ちゃんとイミテーションと表示してもらいたいものです。

練りトルコ石

ちょっと安めのトルコ石はすべて練り物だと考えてください。練り物とは天然のトルコ石を研磨したときに出た粉を集め樹脂を加えて固めたものです。

このようにして作られたトルコ石に価値はありません。過去においてはこの練りトルコ石の指輪などが、それを隠してたくさん売られていましたが、現在一般的な宝石店ではそのようなことはほとんどないと思われます。

今でも練りトルコ石を売っているお店は、雑貨店やアクセサリーショップです。高い値段をつけることのできないそのようなお店で「本物」としているものはほとんど練りトルコ石です。確かに偽物ではありませんが、トリートメントを受けたブルーダイヤモンドよりも天然扱いはされません。

ただし、良い点がひとつだけあります。樹脂で固められているということは、樹脂で保護されていることと同じですから、薬品に強く色褪せなどの経年劣化がほとんどありません。よってこのようなトルコ石は、手頃な値段のアクセサリーにはもってこいということなのですね。

トルコ石の買い方

イミテーションや偽物だらけのトルコ石ですが、本物がないわけではありません。もし、天然のトルコ石のペンダントや指輪を身につけることができたなら、それは究極のおしゃれでしょう。

その本物を見つけたときにまず確認しなければならないのは、着色やアクリル樹脂の浸透の有無です。

天然のトルコ石は薬品に弱い上に紫外線により色褪せしやすいため、その方がいいという考え方もありますが、それでは宝石ということにはなりません。天然ならば一〇〇パーセント天然のものであることを確認してください。

また、トルコ石は青以外に緑っぽい色のものもありますが、緑のトルコ石は青に比べて価値が低くなります。

トルコ石は青ければ青いほど高価になります。また質の悪いトルコ石は白っぽくもろいものです。いくら天然とはいえ妥協はしたくありません。

金額としては、1センチの指輪で二〇万円くらいを目安にしておけばよいでしょう。

トルコ石は買わないことがベスト

「これは絶対本物」と言い張る店員が百貨店の一階あたりに多くいます。彼らは「練り物もあるけど、これは本物だ」といいます。「蜘蛛の巣模様は本物の証拠」ともその人たちはいいますが、それはウソです。

知らないでいっているのか、それとも知っていてわざといっているのか。百貨店の1階程度で売っているものはほぼ全部合成。よくて練り物。現在では蜘蛛の巣模様も人為的に入れることができます。よって、天然の証拠などはどこにもありません。

店員にそういわせている理由は、安い石には鑑別書がつかないからにほかなりません。一万円の石に一万円以上の鑑別書は普通つけません。よって、本物か偽物かの判断ができません。だからこそ店員は安心して本物だというのです。

トルコ石は天然だろうが練り物だろうが合成だろうが違いを見つけることはほとんど無理な石なのです。

ということは、本物をもっていても本物に見えません。ちょっと宝石に詳しい人は、口には出さなくても九九パーセント偽物だと思っていますから、高いお金を出して本物を買っても、その甲斐がない。よって、トルコ石は買わないことがベストなわけですね。

16

貴金属

自然金

もちろん単独でも楽しむこともできますが、その用途の大半は、「宝石を引き立てるもの」および「宝石の留め金」です。

石と違い自由に加工できることと、化学変化を起こしにくいことがその理由です。

また、金とプラチナには資産的価値があります。もしかしたらダイヤモンドやルビーなどよりも、よっぽど気になる鉱物かもしれません。

金
Gold

人と金とは永遠のつきあい！

鉱物名	**ゴールド**
日本名	**金**
化学式	**Au**
比重	**19.3**
色	**黄金色（純金の場合）**
結晶系	**等軸晶系**
硬度	**2.5～3**
展性	**大**
劈開	**なし**

金は人類にもっとも古くから関わってきました。「錆びない変化しない」という性質から、永久に残しておきたいものに使われてきました。

古くは古代エジプト、ツタンカーメン王の黄金の棺とマスクに使われています。ツタンカーメンは紀元前一三五〇年頃の人物といわれていますが、ファラオの墓はほとんど盗掘されていることから、金はその遥か以前から使われていたことは間違いありません。

ちなみにツタンカーメンの黄金のマスクに使われている宝石は、「トルコ石」「カーネリアン」そして「ラピス・ラズリ」です。

日本もその昔、マルコポーロにより黄金の国ジパングと紹介されました。そんなに金なんかあるのかと思いますが、ヨーロッパやエジプトで金は死者の近くや装飾品など、外からは見えないように使っていたことに対し、日本は建築物の外装に使っていました。そんな日本の建築物を見たマルコポーロの目にも、「日本は黄金の国」と映ったのかもしれません。

資産としての金

何をおいても金といえば、その資産的価値が最重要視されます。単独で金を買おうとする人で、それを考えない人はいないはずです。

日本は円が世界的に強いため、資産を金で残そうとすることは一般的ではありませんが、不安定な通貨をもつ国の人々は、いつ紙切れになるかわらない自国の通貨よりも安定した金を信用することは当然のなりゆきです。

さて、私たちも資産として金を買うことがこれからのちにあるかもしれません。また、資産などという大げさなものではなく、貯金の代わりとして金を買うならば今すぐにでも金を手にすることができます。

そのときに**価値のない金を買って後悔**したりすることのないよう、正しい金の買い方を知っておかなければなりません。

グラム売りの金

金は毎日の相場により、「1グラムいくら」として売買されています。よって、今自分のもっている金製品が何グラムであるかがわかれば、その日に換金できる金額がわかります。

「そうか、それならば今からこのネックレスを換金してこよう」と思った方もいるかと思いますが、現実にはそう簡単にはいきません。ちょっと考えてみてください、簡単にいかない理由はごく単純なことです。

1 その金は本物か？

そりゃそうです。いくら売りに来た人が金だと主張したところで、その証拠がなければ金と認めることはできません。金はそのままお金になるのです。偽札が広く出回っているこのご時世、偽物の金が持ち込まれないとは限りません。

ですから、金であることを証明するために、金製品には必ず旧大蔵省、現財務省の刻印が打たれています。その刻印のないものは、たとえ純金であったとしても、まずはその鑑定からということになります。

2 純度はどれだけか？

同じ重さのネックレスだったとしても、金の純度が違えば値段も違ってきます。

その純度を表す基準が、18金や24金という表示です。24金が純金を示しており、数字が小さくなるに従って純度が低くなります。最低で9金という表示を見たことがありますが、日本では14金より下はないようです。

ネックレスや指輪には、K18やK24の刻印があります。

3 ペンダントや指輪などは重さがわからない。

ダイヤモンドがのっていたり、ルビーがトップについていたりすると、その石の重さのために金自体の重さがわかりません。金製品は金のみ、金以外の何かがついている場合は換金不可能です。

金を買うならこれ

金を証明する刻印と純度の刻印があればとりあえずは大丈夫なのですが、やはりいつでも好きなときに換金できるものを買っておくことが最善です。

インゴット

インゴット（あの四角いやつ）は、刻印がもろ表面に入っています。特に99・99パーセントの純金を表す「フォーナイン」の刻印は圧巻です。

インゴットは大きなものから小さなものまで様々な種類があります。そのときに買える金額のインゴットを買っておけばよいでしょう。

コイン

カナダのメープルリーフ金貨、イギリス・マン島のキャットコイン、オーストラリアのカンガルー金貨が有名です。

これらの金貨は純金で作られていることが初めからわかっていますから、何もいわなくてもその日の相場で換金できます。

しばらく前に、「子供が産まれたら、誕生日ごとに金貨を一枚ずつ買っていきましょう」ということが流行りました。これは資産としての金の正しい買い方です。お金で貯金することはかなり大変ですし、株のように何百万円も出して買った株券が「価値なし」になったりすることもありません。金はそのときの相場の変動があるだけで、価値そのものがゼロになることはないのです。

金貨といえば、昭和天皇の在位六〇周年記念一〇万円金貨がありましたが、あれはマヌケでした。この一〇万円金貨は五万円ほどの金しか使っていなかったのです。その結果、偽一〇万円金貨が出回ることになったのですが、これは間違いなく当時の政府のセコさが原因です。

普通、金貨といえばその金額以上の金を使って作るのですが、それゆえ偽物を作る意味がなかったのです。一〇万円金貨も一〇万円分の金をちゃんと使うべきだったのですが、それをしなかったため、まったく同じものを作っても儲けが出るということで、偽物が出回る羽目になったのです。やっぱり天皇陛下を利用して儲けようなんて心がけがダメだったのですね。

喜平のネックレス（18金）

変なデザインネックレスを買うくらいならば、喜平のネックレスを買っておきましょう。喜平のネックレスといってもピンときにくいのですが、バブルのときに不動産関係の人がじゃらじゃらと首からさげていたアレです。アレをつけていると本当に成金に見えてしまいます。

あの人たちが喜平のネックレスをしていたのは、いつでもどこでもすぐに換金できて現金を持ち歩かなくてもよかったからなんでしょうね。

このネックレス、太いものから細いものまでいろいろあります。予算に合わせて選ばれればよいでしょう。ちなみに太いものはかなり重いです。

金相場で儲ける

どうせ金を買うならば、その相場で儲けることができれば大喜びです。金を買うわけですから元金が保証されているようなものです。もちろん株のように急な上下はめったにありませんから、ローリスク・ローリターンだといわれればそれまでなのですが、それでも数年に一度だけ大きなチャンスが回ってきます。

金には、1グラムあたりの「売り相場」と「買い相場」が存在しており、「売り相場」は店が客に金を売るときの相場、「買い相場」は店が客から買い取るときの相場です。

通常「金相場」というと売り相場のことを表します。この売り相場と買い相場には価格差があり、買い相場は売り相場より、二〇〇円弱安くなっていることが普通です。

これでは今日買って今日売ると、確実に損をしてしまいます。ですから何もないときに金を買っても儲けることは不可能です。

ところが、数年に一回、相場がグッと下がるときがあるのです。たとえば、売り相場が一四〇〇円、買い相場が一二〇〇円で推移していたとします。それがある日、「あれれれ」と思っているうちに、1

週間もかけず「売り相場が」七〇〇円ほどまでに下がってしまいます。そしてその相場が一週間続いた後、何事もなかったようにもとの相場に戻るのです。

金を買うのはこのときです。このときに買っておけば1週間で儲けが出ます。七〇〇円で買い、一週間後一二〇〇円で売っても五〇〇円の儲けです。1・7倍です。

わかっていると思いますが、間違ってもこのときに売ってはいけません。

金相場は新聞に毎日載っています。それを見ていれば普段の相場がわかり、「いくら以下になれば儲けが出るか」ということもすぐに判断できるようになります。

チャンスは数年に一度。しかも一週間。絶対に逃さないでください。

金の売買ができる場所

最近は金を売買してくれる貴金属店が少なくて残念です。本当にどこのお店も金を取り扱いたがらなくなっています。とくに地方の貴金属店は扱いたがらないようです。

その理由は、「儲からない」から。それはそうです。金はその日の相場で売るものであり、儲けを上乗せすることができません。儲けが出ないにもかかわらず高価であるため、ちゃんと保管しなければならず、保険もかけなければなりませんから、店にとっては「できれば扱いたくない」ものになるのは仕方のないことなのです。

金製品を買うときは東京に行って、「田中貴金属」などの地金専門店で買う方がよいでしょう。交通費がかかっても結局はその方がお得です。

地金専門店では、金は金だけの値段で買うことができます。たとえばコインをペンダントにして身につけたりすることがありますが、その場合はコインの他に「枠」「ネックレス」そして保護するための「サファイアガラス」が必要です。地金専門店ではそれをすべて別々に買うことができますが、普通の貴金属店では全部セットになって売っています。コインだけが欲しくても許してくれません。なぜなら、そうしないと儲からないからです。

さらに地方では、金の換金をお願いすると手数料を取るところがあります。本来は手数料など必要ないのですが、儲けの出ない金を扱っている地方の貴金属店ならではの風習といえます。

また、地金の取引をしているところは、必ず店内にその日の金相場が表示されています。少なくとも金を買うときには、その表示のないところで買ってはいけません。

ジュエリーもしくはアクセサリーとしての金

金のジュエリーはとても情熱的に見えます。とくにアメリカでは大人気でネックレスだろうが何だろうが、とにかく金製品を欲しがります。

しかし、金のジュエリーやアクセサリーを買ったならば、換金することは初めから考えないことです。金の相場を見ていればわかりますが、「たったこれだけの重さのネックレスが、なぜこんなにも価格が高いの」と必ず思います。

たとえば、「一万円分の金しか使っていないのに、価格が五万円なのはなぜ」ということです。ひと言でいってしまえば、差額の四万円はデザイン料です。

そのデザインをよしとするかどうかはその人次第ですが、ジュエリーやアクセサリーを買うということはデザインを買うということですから、金の価値がどうのこうのといってはいけません。

スリーカラー・ゴールド

純金はそのままでは軟らかすぎるため、ネックレスなどにすると非常に切れやすくなってしまいます。そのため金は純金のままでは使えず、不純物を混ぜ18金にしてから製品に加工した方が何かと好都合なのですが、このとき何を混ぜるかによって金の色が変わります。

1　ホワイトゴールド

比較的なじみの深いホワイトゴールドは、ニッケルと亜鉛を混ぜてホワイトにしています。一見ではプラチナと似た色合いのこのゴールドは、プラチナのイミテーションとして指輪の台に使われることが多くあります。

外国で安いルースだけを買ってきて日本で指輪に加工することがあったとします。その場合店のいうままにプラチナを使うと、初めから日本で買った方がよかったと思うような金額になってしまいます。そういうときはホワイトゴールドを使いましょう。プラチナの半分ほどの価格でできあがります。

2　ピンクゴールド

銅を混ぜることによりピンクになりますが、ちょっと赤っぽいピンクという感じです。ホワイトゴールドとの大きな違いは、単独で使われることがめったにないということです。ホワイトゴールドはプラチナの代わりにピアスなどにもよく使われますが、ピンクゴールドは必ず何か別のものとセットになっています。

③ イエローゴールド

普通にいう18金のゴールドのことだと考えてください。スリーカラーということでホワイト、ピンクとくれば普通の金はイエローかなというところです。

以上、この三つのゴールドで三連のリングになって売っていることがよくあります。そういえばスリーカラーのジュエリーは、みんなイタリアン・ジュエリーですね。

プラチナ

フォーマルな魅力が日本人にぴったり

鉱物名	**プラチナ**
日本名	**白金**
化学式	**Pt**
比重	**19**
色	**銀色**
結晶系	**等軸晶系**
硬度	**4～4.5**
展性	**大**
劈開	**なし**

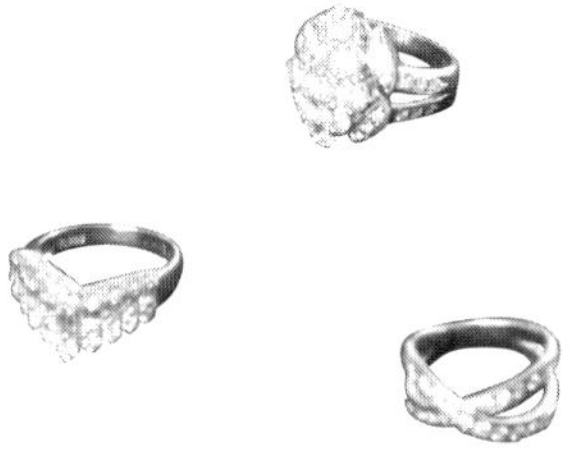

少し面倒くさいことをいうと、プラチナと白金とはイコールではありません。白金はプラチナを含むいくつかの元素で構成される白金族の総称です。ですから、「これは白金です」といっても、もしかしたらプラチナではない別のものを指している場合もあり得るということです。

ちょっとヒスイに似ていますね。「これはヒスイです」といっても、それだけでは硬玉を指しているのか軟玉を指しているのかわからないわけですから。

しかし、ヒスイと違うところは、白金というとほぼ一〇〇パーセントプラチナのことを指していますから、白金イコールプラチナと思っていても不都合はないでしょう。

このプラチナの歴史は非常に浅いものです。古くは古代エジプトで使われていたという話もありますが、ハッキリプラチナと認識されたのは一七〇〇年代中期のことです。

プラチナの純度と相場

Pt1000、Pt900、Pt850という数字がプラチナの純度を表しています。純プラチナがPt1000。後は金と同じように、数字が小さくなるに従って純度が下がっていきます。

相場としては金の約二倍がプラチナの相場です。不思議なことに金相場が下がると、同時にプラチナ相場も下がっていきます。金ではなくプラチナでひと儲けというのもアリですね。

プラチナのジュエリー

日本では金よりもプラチナの方がジュエリーとしては人気が高いようです。印象として、金はカジュアル、プラチナはフォーマルという感じです。

もちろん金の色とプラチナの色は個人の好みなのですが、たとえば指輪で値段の高いものは全部プラチナです。色石の場合は金とプラチナで印象が変わってしまいますから両方用意されていますが、とくに一個石の場合は確実にプラチナしかないようです。

プラチナは金と同じく非常に柔らかいため、ネックレスにするときはPt850を使います。結婚指輪にはPt1000を使うことも多いのですが、金婚式のときには細ーくなっているかもしれませんね。

銀

Silver

ものぐさな人には不向きなアクセサリー

鉱物名	シルバー
日本名	銀
化学式	Ag
比重	10.5
色	銀色（白銀）
結晶系	等軸晶系
硬度	2.5～3
展性	大
劈開	なし

銀が金やプラチナと大きく違う点は、「錆びる」ことです。中学生のときに勉強した「酸化銀」や「硫化銀」など、かすかに憶えています。

というわけで、昔から銀製品は高価なものとして扱われていた反面、非常にお手入れが面倒くさく、ちょっと気を抜いているとすぐに真っ黒になってしまう困ったちゃんでした。

誰もがひとつは持っているであろう銀のアクセサリー。お手入れを忘れていませんか。一度お手入れを忘れた銀のアクセサリーは、次に会うときが怖いものです。

そんなナマクラナな人用にロジウムメッキされた錆びない銀製品があります。お手入れ不要、何年ほったらかしておいても輝きがなくなることはありません。これならば温泉に浸けてしまっても真っ黒になることはありませんから、私も安心して銀製品をもとうかという気になります。

ところが不思議なもので、本当に良い銀製品はメッキなどされていない、毎日毎日キュッキュキュッキュと磨かねばならない、困ったちゃんの銀製品なのです。

要するに毎日磨く余裕のない人間は、良い銀製品を持つ資格がないということなのですね。古今東西、良いものは手間がかかるということです。私はいらないや。

銀の純度

銀も極めて軟らかい金属ですから、純銀を使ったアクセサリーや指輪は使用に耐えられません。そこで金やプラチナと同じように純度を落としてでも強度を上げる必要があります。

純銀を表す表示はSV1000。そこから数値が下がるに従って銀の純度は低くなっていきます。最も多く使われている純度はSV925。この純度が強度を保ったまま最も銀の良さを楽しめる純度だといわれています。

中には炭素か何か、金属でない何かを混ぜることでSV1000のまま強度を確保しているというものもありますが、混ぜているものが金属でなければ純銀といってよいものなのでしょうか。

銀のジュエリーを買う場合は、最も実績のあるSV925を選んでおけば間違いなさそうです。

17

非鉱物

　鉱物を地球が育んだ宝石とするならば、これらは生物が育んだ宝石といえます。

　これらの宝石の第一の特徴は、結晶ではないということ。結晶ではないため非常にもろくキズつきやすいのです。

　第二の特徴は合成品がないということ。イミテーションは非常に多く出回っていますが、合成ルビーや合成ダイヤモンドのようなものは出回っていません。本物はすべて生物まかせだということです。

パール

Pearl

和珠《わだま》こそ、世界一の宝石です

日本名	**真珠**
化学式	**$CaCO_3$**
比重	**2.7**
色	**いわゆる真珠色（白、オレンジ、黄、ピンク、青、黒）**
結晶系	**非晶質（鉱物ではありません）**
硬度	**3**

ジュリアス・シーザー亡き後、クレオパトラがアントニウスを味方につけるため、真珠をワインに溶かし飲んでみせたという伝説があります。当時、紅海で採れていた真珠は、どれだけの大きさだったのかはわかりませんが、エメラルドやルビーなどよりもきわめて高価な宝石でした。その高価な真珠を溶かして飲めるほどの財力をもった「エジプトに協力した方が得」というメッセージはしっかりとアントニウスに届いたようです。

この話はあくまでも伝説ですが、真珠はこのときにはすでにほかの何も代わることのできない貴重な宝石として扱われていたということなのでしょう。

ちなみにその後エジプトは、オクタビアヌス率いるローマ軍に破れて、クレオパトラもアントニウスも自害して果てています。

真珠の種類

●本真珠

私たちが真珠と聞いて真っ先に思い浮かべるあの真珠が本真珠です。日本は真珠の生産量がダントツの世界一ですから、私たちの意識の中にも自然に刷り込まれています。

その本真珠は、「和珠《わだま》」と呼ばれ、あこや貝で育てる養殖が一〇〇年前に確立されました。その養殖方法は特許になっており、それが日本を世界の真珠大国にした最大の理由です。

あこや貝の生育範囲は、太平洋側は房総半島、日本海側は石川県を北限とし熱帯水域まで広く生息しています。日本近海は水温や環境が真珠の成長にちょうど適していたことも、養殖が成功した理由のひとつでしょう。現在の国内生産は、一位長崎県、二位三重県、三位愛媛県、四位熊本県となっています。

●南洋真珠

あこや貝ではなく白蝶貝《しろちょうがい》で育てられ、白蝶真珠とも呼ばれることがあります。産地は、オーストラリアとインドネシアで九〇パーセント以上の生産になります。

南洋真珠には、シルバーリップと呼ばれるものとゴールドリップと呼ばれるものがあり、色合いが違っています。

シルバーリップ

オーストラリアの白蝶真珠。ブルー系統の色を持ち、12ミリ以上の大粒であることが特徴です。

ゴールドリップ

インドネシアの白蝶真珠。ゴールド、クリーム、シルバーの色をもっています。粒の大きさは10ミリ前後ですが、シルバーリップに比べちょっと小粒であることが特徴です。

日本でも奄美大島でゴールドリップの白蝶真珠が作られています。しかし、熱帯の貝である白蝶貝にとって、奄美大島の環境は過酷といわざるを得ません。そのためインドネシアより長く三年間育てられるのですが、大きさは半分ほどにしかなりません。その代わり真珠層が緻密になりテリ（色あい）がよくなります。

●黒真珠

黒蝶貝で育てられ、黒蝶真珠とも呼ばれています。産地はタヒチが九〇パーセントを占め、そのうちの八〇パーセントが日本に輸入されています。

形は真円型ではなく、ゆがんだ丸やデコボコしたバロック型とドロップ型があります。色は、赤系、ブルー系、グリーン系と黒ではありますが若干色味が異なったものが存在しています。

日本では石垣島や奄美大島でも養殖しており、白蝶真珠と同じく小粒ではありますがテリのよいものが育てられています。

●マベ真珠（マベパール）

マベ貝で育てられた半円ドーム型の真珠です。虹色の真珠層、青みがかった虹色やメタリックゴールドなどの色があります。

マベ真珠の特徴である半円ドーム型は、外殻の内側に核を接着するため内側に向かってしか成長しないためです。

マベ真珠は、そのドーム型の部分を切り取ってブローチやネックレスにするほか、貝殻全体を枠にはめてペンダントにしたりします。

この方法を使った白蝶貝や黒蝶貝のマベ（半円ドーム型の意味として使われています）もありますが、美しさは本家のマベ貝にはかないません。

●淡水真珠

川や湖水に棲息する池蝶貝を使って育てた真珠を淡水真珠と呼んでいます。この真珠はほかの真珠と違い、核がなく芯まで真珠層でできているため、とても丈夫です。

現在流通している淡水真珠は、ほとんどが長江の中～下流域で養殖された中国産になります。約三年ほど育てた母貝を利用し、二～三年ほどで三～四ミリに育てます。最近は、そこからさらに三～四年育て、八ミリ前後にまで育った大粒の真珠も採られるようになっています。

過去においては養殖期間が短く育てやすい褶紋冠貝《しゅうもんかんがい》を母貝とし、ライスパールと呼ばれるシワのある米粒状の真珠を生産していましたが、最近は養殖期間は長くなっても丸く綺麗な真珠ができる三角帆貝が使われています。

真珠の買い方

ハッキリって**本真珠以外の真珠はいりません**。

おっと、いきなり暴論を吐いてしまいましたが、価値のある良い真珠を選ぶのならば、それが事実といえるでしょう。

真珠はダイヤモンドやルビーのように、いくつももっていたりするようなジュエリーではありません。どちらかといえば一生においてひとつだけネックレスをもっていれば、フォーマルにもすべて対応できるのです。

本真珠のネックレス

本真珠の大きさは、6~8ミリのものが多く最大でも10ミリ程度です。ダイヤモンドが一カラットを超えると資産価値が出てくるように、真珠は8ミリになって初めて資産価値が出てきます。この8ミリという大きさが本真珠のきわめて大きな壁になっており、8ミリになった瞬間から値段が跳ね上がっていきます。

8ミリ未満の本真珠を使ったネックレスは、テリや巻き（真珠層の厚さ、深みや重量感を指します）の良し悪しにより大きな値段の開きがありますが、大小含めて四万円台から二〇万円台までの値段で購入することが可能です。

ところが8ミリ以上になると、金額はトンデモナイものになります。同じようにテリや巻きの良し悪しはありますが、大きくてよいものならば一〇〇万円以上の値段になることも珍しくありません。

しかも、本真珠で最高級品といわれる花珠（はなだま）ともなると、8ミリの大きさで一〇〇万円になってしまいます。

何だかこんなに高いものなら、小さくてもイイやと思われるかもしれませんが、下手な真珠を買ってしまうと、すぐに飽きてしまったり、年齢に合わなくなって結局は身につけなくなってしまいます。

「真珠のジュエリーは一生に一本」

だからこそ、腰を据えて誰もが納得できる良い真珠を手にしていただきたいと思います。

バロックの本真珠

真珠のジュエリーで本当に高価なものは、花珠や真円の真珠です。まったく同じ品質や大きさであるにもかかわらず、ほんのわずかでも真円でないものはバロックと呼ばれ、値段がガックリと下がります。本来ならば一〇〇万円のネックレスに使われるような真珠も、バロックに分類されてしまえばその価格は一〇分の一です。

しかし、いったんバロックに分類されてしまうと人情として気が抜けてしまうものです。気の抜けてしまったネックレスはどうなるかというと、色あわせが微妙にうまくいっていないという状況になります。ところが、この微妙にずれている色合いが、これまたいい風合いを醸し出している場合があるのです。これはまったくの好みなのですが、もしそのようなネックレスを見つけたならば非常に上手な買い物ができるでしょう。

私の義母は9ミリ珠のバロックネックレスを一〇万円で購入しています。何の問題もありません。

真珠のお手入れ

真珠は非常に弱いジュエリーです。どんなに高価なジュエリーを購入しても、お手入れがずさんでは高いお金を出した甲斐がありません。素晴らしい真珠を長く楽しむために、何に注意するべきなのかを知っておいていただきたいと思います。

真珠がもっとも弱いのは酸です。真珠を酸につけると見事にシュワシュワと溶けていくはずです。そこで、「人間のお肌は弱酸性」ということを思い出してください。真珠は身につけているだけでどんどん劣化して（溶けて）いくという、かなりつらい性質をもっているのです。

よって一度身につけたならば、そのたびに必ず柔らかい布できれいに汗を拭き取っておかなければなりません。当然、汗を大量にかく夏場の使用は禁止です。できる限り寒い日、汗をかきにくい日や場所でのみの使用を心がけてください。

しかし、大量の汗が真珠についてしまうことも十分あり得ます。そのときは家に帰ってすぐ、ぬるま湯につけ、しばらくおいた後そっと洗い流し完全に水分を拭き取ってください。

真珠にとって汗は大敵なのです。

同じ理由で温泉も禁止ですから注意してください。草津温泉などは最高でしょうね。

次に気をつけなければならないことは「傷をつけないこと」です。真珠はとにかくキズがつきやすく、爪でひっかいただけでも簡単に傷ついてしまうほど柔らかいのです（実際には爪ではキズつきません）。

真珠のジュエリーは使用するときも保管するときも、とにかくどこにもぶつけたりしないようにしなければなりません。

このとき最も重要なことは真珠同士がぶつかってしまわないようにすることです。いくら丁寧に扱っても隣同士でケンカしていたのでは元も子もありません。そのため高品質の真珠を使っているネックレスは真珠と真珠の間に、クッションとして中糸の結び目が作ってある場合があります。できればそういうものを選ぶと良いでしょう。

定期的に糸替えする

ネックレスの中糸はシルクであることが多いのですが、当然劣化していきます。劣化した糸をそのままにしておくと、むちゃくちゃ悲しい結果が待ちかまえていることは想像に難くありません。そのようなことになる前に、中糸は定期的に交換しておきましょう。

交換の目安は一〇年もしくは一〇万キロです。

って、これでは自動車のタイミングベルトになってしまいますが、自動車もタイミングベルトが切れると相当悲しいことになるという点では真珠のネックレスと同じです。

話はそれましたが、ネックレスの中糸は、「ゆるみが出てきたな」と思った頃が買え頃です。宝石店に行って、「糸替えお願いしまーす」と言えば、五〇〇〇円～一万円ほどですぐに交換してくれます。

琥珀《こはく》

香気を放つ、太古からの贈り物

英名	**アンバー**
日本名	**琥珀**
化学式	$C_{10}H_{16}O$
比重	**1.1**
色	**黄色、黄橙、赤**
結晶系	**非晶質**
硬度	**2.5**

琥珀は太古の樹木が分泌した**樹液の化石**です。宝石ではありますが鉱物ではありません。琥珀の英名であるアンバーの語源は、アラビア語で、「香気を放つ」という意味があるとおり、熱を加えると甘いようなとてもよい香りを放ちます。

また、擦ると静電気を帯びる性質ももっており、埃くらいならば引きつけることができます。

琥珀のジュエリーはとても古くから使われており、紀元前三〇〇〇年以上前のペンダントやビーズがエジプトなどで発見されています。

琥珀はもともと樹液であることから、それが流れ出る際に近くにいた生物を取り込んでいる場合があり、それらは「虫入り琥珀」として珍重されています。

琥珀の産地

バルト海

もっとも有名な琥珀はバルト海沿岸の地域です。ロシア、ポーランド、ノルウェイ、イギリスまでかなり広範囲の海岸に琥珀は打ち上げられます。

採掘が本格的に始まったのは一九世紀後半からで、低品質のものはワニスの原料として使い高品質のものは宝石としてヨーロッパの各都市に出荷されました。

その中でもウイーンが全体の四〇パーセントを占め、そこで加工された琥珀のシガレットケースやパイプなどが再びヨーロッパ各地に出荷されました。

現在の産出の中心はロシアのカリニングラードで、ここだけで世界の琥珀の九〇パーセントを出荷しています。

そのほかにも琥珀は日本を含む世界各地で発見されていますが、このバルト海沿岸地域にだけは赤い琥珀が産出します。なぜ赤いのか、そしてなぜここだけなのかはわかっていません。

琥珀の買い方

琥珀は通常の宝石店ではあまり取り扱っていません。また、扱っていたとしてもほんのわずかです。

琥珀を多く取り扱っているところは、真珠や珊瑚も一緒に売っている有機物宝石店で、どの百貨店にもほとんど一階にそのお店は存在しています。

琥珀はどこで買っても品質に差はありません。売られているものの**九五パーセントが良品**でしょう。よって、価格は大きさだけで決まります。

だいたい手のひらで握れるほどの大きさで、六〇〇〇円。赤い琥珀（レッドアンバー）はその1・5倍、虫入りは1・5倍からというところでしょう。

よく見かける琥珀で、内部に輪のようなクラックが入っているものがありますが、それはインクルージョンとして入っている気泡を熱で破裂させたものです。質のよい琥珀は暖かみのある良い色をしており内包物がほとんどありませんが、それではちょっと寂しすぎると感じる人がいるようで、このクラックは模様と考えて下さい。お好みでどうぞ。

指輪になっている琥珀はごく普通にありますが、琥珀はとってもキズつきやすく割れやすいものです。ジュエリーとして身につけるならば、オパールのようにネックレスの方がその美しさを長く楽しむことができるのではないでしょうか。

さて、実際に琥珀を手にもってみると、そのあまりの軽さに驚きます。比重は水より少し重いだけの1・1しかないため食塩水には簡単に浮いてしまうくらいです。

しかし、その軽さのために模造品も多く、そのほとんどがプラスチックで作られているのですが、本物の琥珀もそれが琥珀だとわかっていなければ、確実にプラスチックだと思ってしまうくらいですから困ったものです。

しかし、**本物と偽物の見分け方**は基本的には簡単です。本物の琥珀は、紙で強くこすったり火をつけて燃やしてみると「とてもよい香り」がするのですぐにわかります。ただ、自分で購入したものに火をつけることなどそうそうできるものではありませんし、だからといって購入前に店頭に並んでいるものを「こすらせてくれ」とも普通はいえません。そういう意味ではなかなか本物と偽物の区別がつけにくいといえるでしょう。

まあ、専門店ならばまず大丈夫だと思いますが、道端で売っているような琥珀は本当に火をつけてみる必要がありそうです。

珊瑚《さんご》

安物は着色で劣化が早いので要注意

英名	**コーラル**
日本名	**珊瑚**
化学式	**$CaCO_3$**
比重	**2.7**
色	**白、ピンク、橙、赤、黒**
結晶系	**非晶質**
硬度	**3**

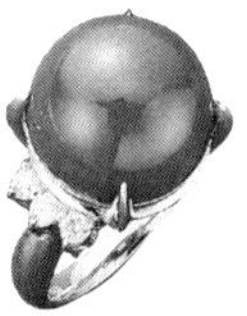

海中の微生物が作る珊瑚は鉱物ではありません。主成分は真珠と同じ炭酸カルシウムでできているため、酸に弱い宝石です。

珊瑚の歴史は地中海に始まり、シルクロードを通って八世紀にはすでに日本に入ってきていました。

日本では一八六八年から珊瑚漁が始まり、淡いピンクの珊瑚が採れていたのですが、日本人はそれを「ボケ」などと呼び価値のあるものとは見ておらず、地中海の赤い珊瑚を好んでいました。しかし、ヨーロッパの商人たちは反対に日本のピンクの珊瑚に目をつけ、ヨーロッパに持ち帰ったのです。

そのピンクの珊瑚がイタリアで人気となり大量に日本から輸出されたのですが、その人気を知らない日本人はヨーロッパ人にいいように買いたたかれたようです。

珊瑚の産地

日本

淡いピンクや白など、色合いのよい美しい珊瑚が採れます。また原石（木）の大きさも十分な大きさがあり高さ一メートル以上、重さ一〇キログラム以上のものも産出しています。高知県の海岸には、そのまま置物にできるような珊瑚が打ち上げられることがあります。

二〇世紀初頭からは原木のままイタリアに輸出されており、国内でもその大きさを生かした彫刻が作られています。

地中海

地中海珊瑚は、珊瑚の中でもっとも高級とされている赤色の珊瑚です。高級ではあるのですが、大きなものがないためビーズやカボッションに加工されて売られています。

珊瑚の買い方

彫刻などの置物はかなりの金額になるため、普通買おうとは考えません。珊瑚は指輪やネックレスとして宝石店に並んでいます。

色は「血赤珊瑚」と呼ばれる真っ赤な珊瑚が最高級とされています。残念ながら今では産出があまりなく、高値に拍車をかけています。

1 形（ナリ）

まず、真円であることが重要です。ビーズの状態であるならば、加工したときに残るへこみがあるかどうかで判断します。

カボッションならば、全体のバランスです。大きく見えても山が低かったり、高すぎて見た目が変なものは当然パスとなります。

2 虫食い跡

珊瑚は自然のものであり生物が作り上げるものですから、その成長過程において必ず虫食いが発生してしまいます。

普通はこの虫食い穴を避けてカット研磨するのですが、まれにそれがそのまま残っているものがあります。ペンダントにしろネックレスにしろ虫食い穴は致命的です。絶対に穴のあいていないものを選んでください。

また、面のキズやわずかなクラックは色の美しさを損なわない限り、大きなマイナスにはなりません。

3 色むら

珊瑚の色むらは必ず存在します。色むらのない珊瑚は存在しません。あまりにムラのあるものは論外ですが、わずかなものならばその珊瑚の個性として許容しましょう。

以上の三点に納得がいったならば、あとは大きさだけの問題です。珊瑚は10ミリを超える大きさのものが少なく、それを超えると値段が跳ね上がります。血赤珊瑚ならば指輪で三〇万円以上します。ところがピンクの珊瑚は安く、大きいものがないということもありますが、手芸店のビーズならば三ミリくらいで一個五〇円ほどです。「なんだこの差は」という感じですが、そんなものです。

珊瑚のお手入れ

珊瑚はきわめて酸に弱い宝石です。食事に行ったときレモン汁などの跳ねに気づかないでいると、あっという間に悲しい現実がやってきます。

現在は表面に特殊な加工を施し、酸から守るようになっているものもあります。また硬度が3と軟らかいため、ほかの宝石と一緒にしまっておくとキズだらけになってしまいます。珊瑚は珊瑚だけで保管するように心がけなければなりません。

珊瑚は、とにかく「キズがつきやすい」「溶けやすい」ということを、いつも忘れないようにしなければなりません。そして使用後は毎回必ず柔らかい布で綺麗に拭いてしまっておきましょう。

補修珊瑚・染め珊瑚は劣化がはげしい

赤系統の珊瑚は高価であるため、人情としてわずかなキズは隠したくなるものです。加工のためにできたへこみや面のキズをワックスなどで埋めてしまうことはよくあることです。

クラックに樹脂やオイルを染みこませてそれを見えなくしたり、色むらのあるものや薄い色のものを着色して美しく見せているものも多くあります。

これらのものは一見美しく見えますが、経年劣化が著しく高いお金を払った割に長く楽しむことができません。このような珊瑚にはなるべく手を出さないように注意してください。

見分け方といっても鑑別書に書いてなければ確認する方法はありません。もしかしたら多少の色むらがある方が本物の証かもしれないです。

雑貨店でも大きめの珊瑚を一〇〇〇円くらいで売っていますが、その金額になれていると宝石店の珊瑚がなぜあんなに高いのか理解不能になります。雑貨店は決して高い金額で品物を売ることができませんから、安い着色した珊瑚を売っているのです。

というわけで、ちゃんとした珊瑚は信頼の置ける宝石店で購入するという方法以外になさそうです。

象牙《ぞうげ》 Ivory

欲しがりません！イミテーション推奨の宝飾品

英名	**アイボリー**
日本名	**象牙**
化学式	**$Ca_5(PO_4)_3(OH)$**
比重	**1.9**
色	**アイボリー**
結晶系	**非晶質**
硬度	**2.5**

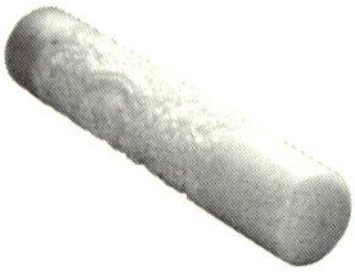

象牙の印鑑

象牙といえばハンコ、ハンコといえば象牙。

今でこそハンコは水牛の角や石ブームにのって貴石が使われていますが、昔は朱肉の付きがよいなどの理由からか、ちょっと高級なハンコになるとすべて象牙のハンコでした。

しかし、象牙自体が貴重なためとても高い印材であるにもかかわらずよく売れたということは、象の乱獲が進んだということです。

象も生き物ですからね、近づいていって「ちょっと取らせてください」で、「はい、いいよ」なんてなるわけがありません。しょうがないですからいったん殺しておいて牙だけをもっていくという、象にとってははなはだ迷惑な状況になってしまいました。

このままでは象が絶滅してしまうくらい象牙を取ってしまいそうなため、ついに象牙はワシントン条約で捕獲が禁止になり輸入も輸出も禁止になりました。

それでも象牙は売れるものですから今でも密猟がなくなりません。香港などではそれらの象牙を売っているそうですが、当然日本に持ち込むことはできません。現在国内で売られている象牙は条約以前の在庫です。その在庫がなくなれば象牙はおしまいです。

今、象牙のハンコを買おうとすると、ちょっと大きめのものなら一本一〇万円は軽く超えるのではないでしょうか。

象牙のイミテーション

象の絶滅を防ぐために、象牙の商品はなるべく欲しがってはいけません。そのため象牙に関してはイミテーションの利用が推奨されています。

水牛のほかにもサンゴや椰子の実の中身などがイミテーションに利用されています。それらをイミテーションとわかって利用するのなら何の問題もないのですが、象牙だと偽って売られた日には問題ありです。イミテーションですから象牙とそっくりですし、価格も高く設定されてしまうと、よりそれっぽく見えてしまいます。そのようなイミテーションに騙されないように注意してください。

象牙の特徴は、断面に薄い格子模様が若干の曲線を描いて入っていることです。これは神経の跡ですが、見ているとすごくいたそうな想像をしてしまいます。

鼈甲《べっこう》 *Tortoise Shell*

欲しがってはいけません！絶滅危惧種タイマイの甲羅

英名	**シェル**
日本名	**鼈甲**
化学式	**$CaCO_3$**
比重	**1.3**
色	**半透明の黄金色の地に濃褐色の斑紋**
結晶系	**非晶質**
硬度	**2.5**

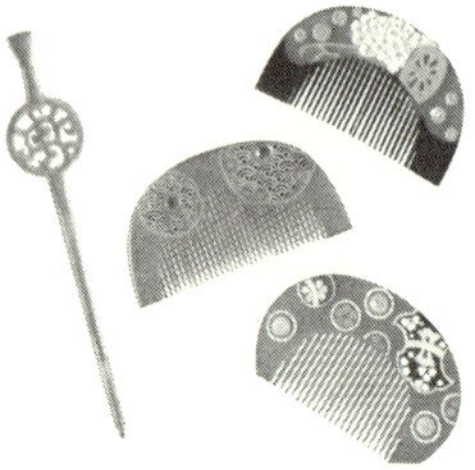

鼈甲といえば、昔の櫛や眼鏡のフレームを思い出します。私の実家にも八七歳のハルエ婆ちゃんが嫁入りのときにもってきた鼈甲の櫛と簪が残っていました。

鼈甲はその形になってしまえば何ともいえないいい風情をもっていますよね、が、知ってますよね。もともとはカメの甲羅ですよ。タイマイというウミガメの甲羅をベリベリとひっぺがして、それで作るのです。

象牙がいくら象を殺すからダメだっていっても、考えようによっては、「牙だけちょうだい」といってもらってくることもできます。象にとっては迷惑千万ですけど、カメは「甲羅だけちょうだい」といって甲羅を取ってきたら、確実に死んじゃいます。

子供のときは確かに思っていました。カメの甲羅は脱げるって。でも本当は一体型だったんですよね。関係ないですけど、一体型といえば「ぶんぶく茶釜の」あの茶釜、蓋を開けたら中は何が見えるのでしょうか。

というわけでタイマイはとっくの昔にワシントン条約で保護されており、新品の鼈甲はどこにも売っていません。もし売っていたとしたなら象牙と同じく在庫ということでしょう。でもむちゃくちゃ高い値段になっていることが多いです。きっと売る気がないのでしょうね。

今はプラスチックで本物そっくりのものがたくさんあります。それらを眺めることによってタイマイの供養に代えることにいたしましょう。

ジュエリーの価格は主石の値段だけではなく台の値段も含まれています。同じ石を使っていてもシンプルな台を使っているか、ダイヤモンドをちりばめたゴージャスなものかでも価格は大きく異なります。

また、そのときの産出状況にも影響されますし、各地方によっても違います。大勢の消費者がいる大都市ではそれなりに価格はこなれていますが、そうでないところではビックリするほどの金額になっている場合もあります。高いものほど良いものと思い込んでいらっしゃる方は、地方へ行って買い物されるとよいでしょう。

とにかく、**宝石の価格は千差万別**です。自分の住んでいる町の宝石店を廻り、その町の相場を自分の目で確認してください。

そして、わからないことは遠慮せずに店員に訊くことです。もし質問に答えられない店員がいたならばその店での買い物は控えましょう。電気店でDVDや液晶テレビを買うときに、店員が客の質問に答えられないようでは、そこで買おうという気にならないのと同じです。

電気店では商品を買ってもらうために、店員は商品の勉強をし、客に十分な説明をしてくれます。ところが多くの宝石店にはそのような姿勢が足りないのではないでしょうか。

私たちは電気店の店員に求めることと同じサービスを宝石店にも求めなければなりません。結果としてそれが信用を生み出し、広く一般に宝石を普及させることになるのです。

宝石はセレブな存在です。

なかなか買えないからこそ手に入れたときに満足感が得られるという考えは正論です。しかし、だからといって多くの宝石店に殿様商売をやらせておいては私たち消費者の利益にはつながりません。

確かに宝石は高いです。100万円以上するような宝石は近づくことすらためらわれるくらいです。しかしよく考えてみると、普通に売っている宝石は30万円前後。プラズマテレビの方がぜんぜん高かったりしませんか。

これからはコ○マ電気やヤ○ダ電気に行くのと同じような感覚で、宝石店に足を運んでみてはいかがでしょうか。

殿様商売の宝石店に喝を！

現在宝石店で売られている宝石はほぼ100パーセント、エンハンスメントおよびトリートメントを受けています。これまでエンハンスメントは色をより濃く鮮やかにするためのものだったのですが、**実は色を抜くこともできる**のです。

「え、色を抜くことに何の意味があるの？」と思われるかもしれません。たしかにルビーやエメラルドの色を抜いても価値は下がるばっかりでよいことなどひとつもありません。

しかし色を抜いて価値の上がる宝石がひとつだけあります。

ダイヤモンドです。

ダイヤモンドの色を抜くということは「Gカラーを Dカラー」にすることであり、これはまぎれもなく**価格をつり上げるための処理**です。

本当かどうかはわかりませんが、一説には「天然ダイヤモンドにGカラー以上は存在しない」という話もあります。

また、別の話としてインクルージョンを消してしまうこともできるそうです。クラリティが高くなればカラー以上に価格は跳ね上がります。

カラーグレードを上げ、クラリティグレードをあげればただのダイヤモンドが一級品になってしまいます。

もし、これが本当だとすると、現在売られているダイヤモンドはいったい何なのでしょう。あれほど天然天然と言い、地球からの贈り物と言い、人間が手を加えている部分はカットのみであるはずなのに。これでは鑑定書など存在する必要がありません。ほかの色石と同じように鑑別書で十分です。

正直なところ、この話は**ウソであってもらいたい**のです。が、しかし、いくつかのところからしばしば聞こえてくる話でもあります。

本書で紹介した宝石の値段は、あくまでも私の主観によるものです。

宝石を買うのではなく、採りにいく

おまけ

とっておきの宝石採集ガイド

日本でルビー、サファイアを見つけよう

日本にだって、ルビーやサファイアくらいは産出します。しかし、残念ながらミャンマーやスリランカのようにカットして指輪にできるような高品質のものはまだ見つかっていません。

それでも、ルビーやサファイアと同じコランダムは、鉱物として非常に高い価値をもっているのですからおろそかにはできません。また非常に希少な日本産となれば、その価値はちょっとした指輪に使われているルビーよりも遥かに高いものになります。

それならば、それらの石はお宝といっても過言ではないでしょう。トレッキングや旅行、アウトドアのついでに、それらの鉱物を探してみてはいかがでしょうか。

旅がひと味もふた味も変わってくることうけあいです。

新潟県糸魚川市から富山県朝日町宮崎海岸一帯

ヒスイの産地として有名なこの一帯。

毎日多くの人がヒスイ探しに訪れています。しかし、ここはヒスイだけではありません。最近になって無色のコランダムおよび青いコランダム（サファイア）が多数発見されています。

糸魚川市にあるフォッサマグナミュージアムでは、学芸員の丁寧な説明を受けることができますか

ら、その上で海岸に繰り出してみてはいかがでしょう。

ヒスイも含めこれらの石は、姫川の支流の小滝川と青海川から流れてきています。よってそれらの川の河原でも見つけることはできますが、河原の場合は石に砂が被っていますから、よほどの慣れか運がないと採集は不可能。おまけに一部地域が天然記念物に指定されていますから、下手に近づくと逮捕されてしまうでしょう。

やはり海岸での採集をお勧めいたします。最近はとくに宮崎海岸の方がよく採集できるようです。季節的には冬は避けた方がよいでしょう。

富山県利賀村高沼地区

ここではサファイアを採集することができます。しかし、案内がなければ採集はかなり厳しいでしょう。場所としては行きやすい所なのですが、サファイアの入っている石をいかに見分けるか。また、鬱蒼と茂った森の中に入っていくのは山菜採りに慣れてなければかなり憂鬱になります。

サファイアの産地・宮崎海岸

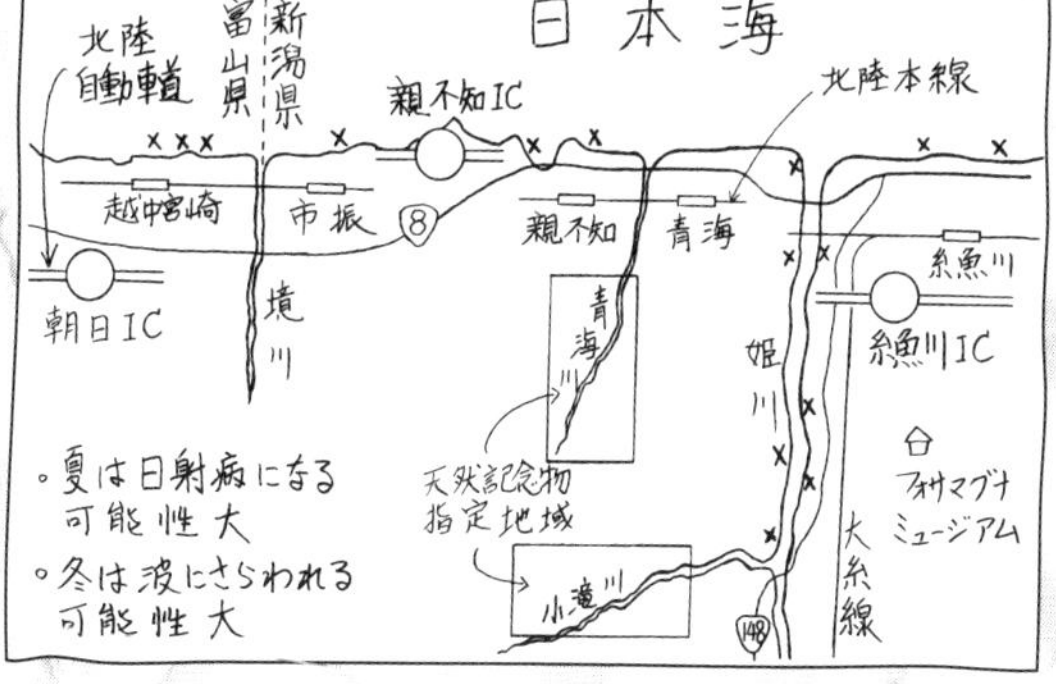

季節的には六月から一〇月までです。ただし、真夏はアブの攻撃が強烈ですから、服装は白っぽいものにしなければなりません。しかし、それでもアブは痛いです。

奈良県香芝市二上山ふもとの小さな川

サファイアだけでなくガーネット、トパーズ、エメラルド（色的にエメラルドと呼べないのですが）が一カ所で採集できます。ただここで採集できる宝石は非常に小さく、1～1・5ミリの砂粒サイズのものばかりです。

川底の砂をパンニング（砂金を採るときのような椀がけ）すると、赤・青・緑の綺麗な宝石が見えてきます。

たとえば、これらの宝石を熱帯魚の水槽に敷き詰めてみてはいかがでしょうか。熱帯魚が泳ぐ水槽の砂が、実はサファイアやトパーズでできた宝石の砂。とっても神秘的です。

どうですか、ちょっとやってみたくなったでしょう。

サファイアの産地・高沼地区

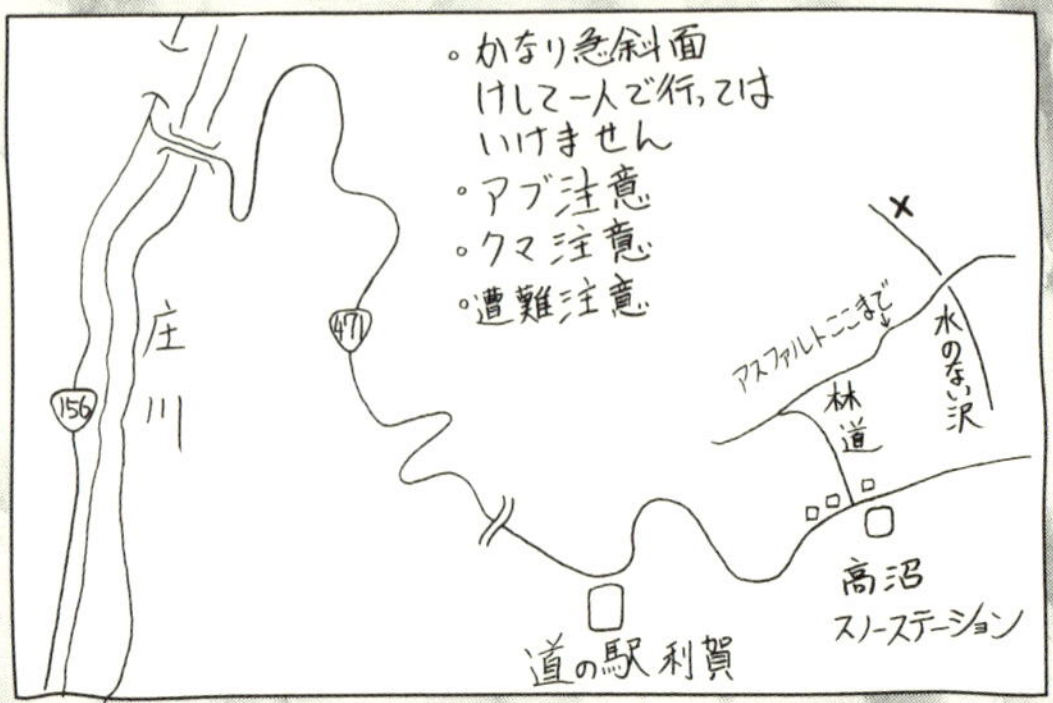

サファイアの産地・二上山

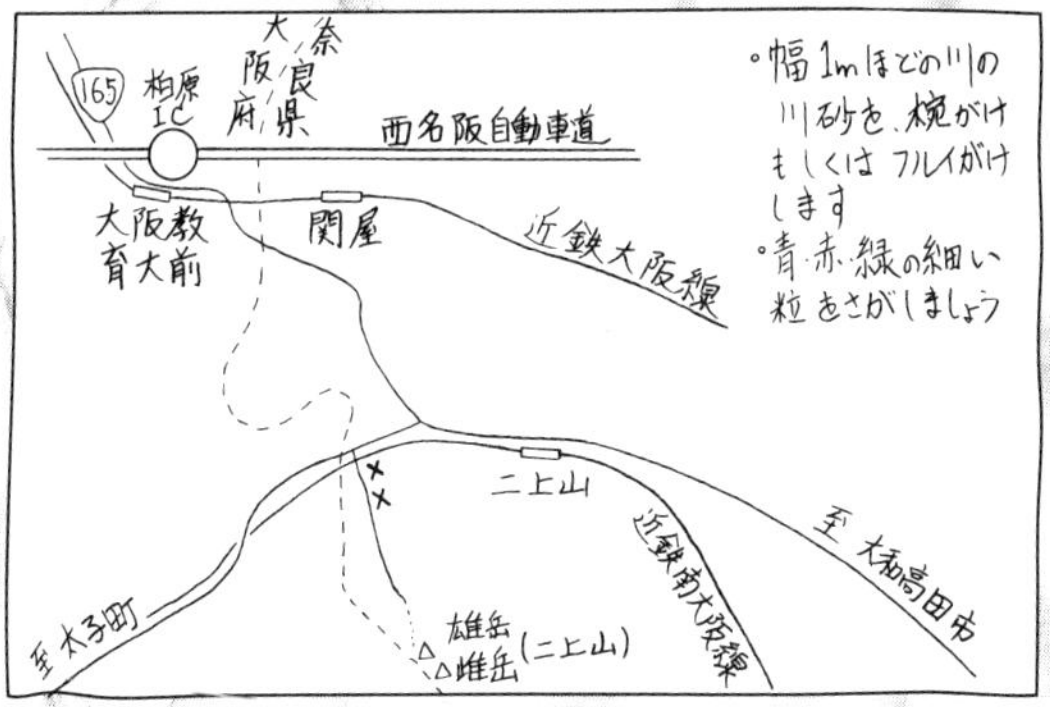
165
柏原IC
大阪府
奈良県
西名阪自動車道
大阪教育大前
関屋
近鉄大阪線
・幅1mほどの川の川砂を、椀がけもしくはフルイがけします
・青・赤・緑の細い粒をさがしましょう
二上山
近鉄南大阪線
至 大和高田市
至 太子町
雄岳
雌岳（二上山）

エメラルド、アクアマリンを採りに行こう

エメラルドは今のところ日本では産出しないことになっています。奈良県二上山でエメラルドが採れるという人もいますが、それはまだエメラルドとは認められていません。

日本では無色のベリル、もしくはアクアマリンを探すことになります。しかし、もしエメラルドを発見することができたなら、日本の鉱物史が変わりますよ！

岐阜県福岡町福岡鉱山

鉱物マニアの間では苗木地方と呼ばれる中津川・蛭川周辺。採集できる宝石はアクアマリンのほかにトパーズ、また色はよくないのですがアレキサンドライトなどがあります。

その中でもアクアマリンを採集できる場所として福岡鉱山が有名です。国道からも近く、ズリ（宝石が採集できる場所）まで簡単に行くことができます。

しかし、私が以前ここを訪れたとき、うかつにも虫除けを忘れていってしまったのです。季節は秋だったのですがポカポカのいい天気、半袖だった私の周りは蚊の大群でした。

気合いを入れて採集にかかったのですが、まったく集中できません。気合いは三〇分しかもちませんでした。

結局ここでは、針のように細いアクアマリンを二〜三本採集したただけでとっとと退散しました。
車に戻ってミラーを見ると、腕や顔は夏みかん以上にデコボコでした。

アクアマリンの産地・福岡鉱山跡

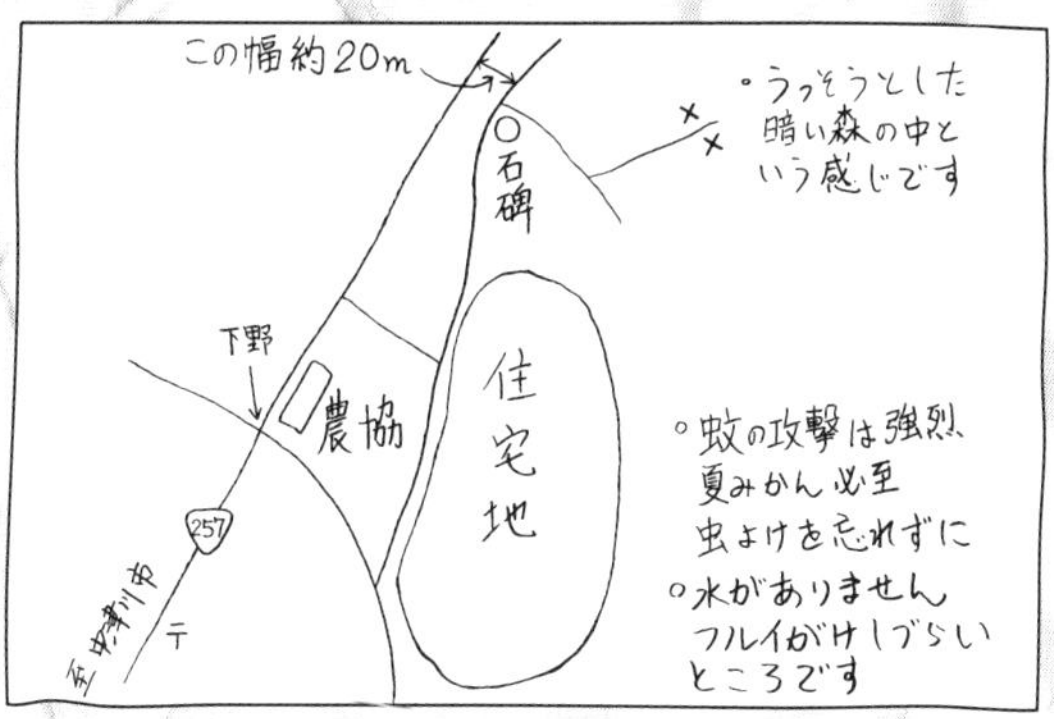
この幅約20m
○うっそうとした暗い森の中という感じです
○石碑
下野
農協
住宅地
257
至中津川市
〒
○蚊の攻撃は強烈、夏みかん必至
虫よけを忘れずに
○水がありません
フルイがけしづらいところです

トパーズを採りに行こう

かつて日本はトパーズの名産地でした。

何だかうれしくありませんか。今でこそ商業的な採掘は行われていませんが、行われていないということは今でも地面の中にたくさんのトパーズが眠っているということなのです。

日本で採集できるトパーズはそのほとんどが無色透明か淡いブルー。透明というとあまり楽しくないような気がしますが、無色透明という色が実はこんなに美しいものだったのかと感動すら憶えてしまいます。

トパーズはその感動が出発点。それに少しでも色がついていれば感動が何倍にもふくらんでいく、しかもその感動が足下に埋まっている。その感動を掘り出しにいかない手はありません。

岐阜県中津川市一帯

鉱物マニアの間では苗木地方と呼ばれる一帯です。

このあたりはどこを掘ってもトパーズが出てきます。しかも結構な大きさのものがたくさん出てきます。数年前に道路整備などの工事が行われた際にはいたる所から大きなトパーズがザクザク出てきたそうです。

こんなナイスな所はなかなかないのですが、今ではそのほとんどが道路や田んぼで蓋をされてしまっていて、どこを掘ったらいいのかわかりません。あらかじめインターネットで検索しておくか、地元の人に教えてもらうとよいでしょう。

川底の砂を篩《ふる》いがけしてみるという手もあります。運が良ければ親指ほどの結晶も採集できるようです。

同じ苗木地方の蛭川村には薬研山というトパーズやサファイアを産出する有名な山があるのですが、ふもとで畑仕事をしていたおばあちゃんに訊いてみると、「そりゃあ戦前の話でなあ、今は何にも出んぞ」と、あっさり言われてしまいました。

茨城県西茨城群七会村高取鉱山の裏

一度行かなければと思いながらもまだ行けていない場所がこの高取鉱山の裏です。なぜ裏かというと高取鉱山自体は現在稼働中（閉山作業）のため入ることができないのですが、その裏側の錫高野《すずこや》という地域には以前稼働していた鉱山から出た広大なズリが今でも残っているからです。

トパーズの産地・中津川市一帯

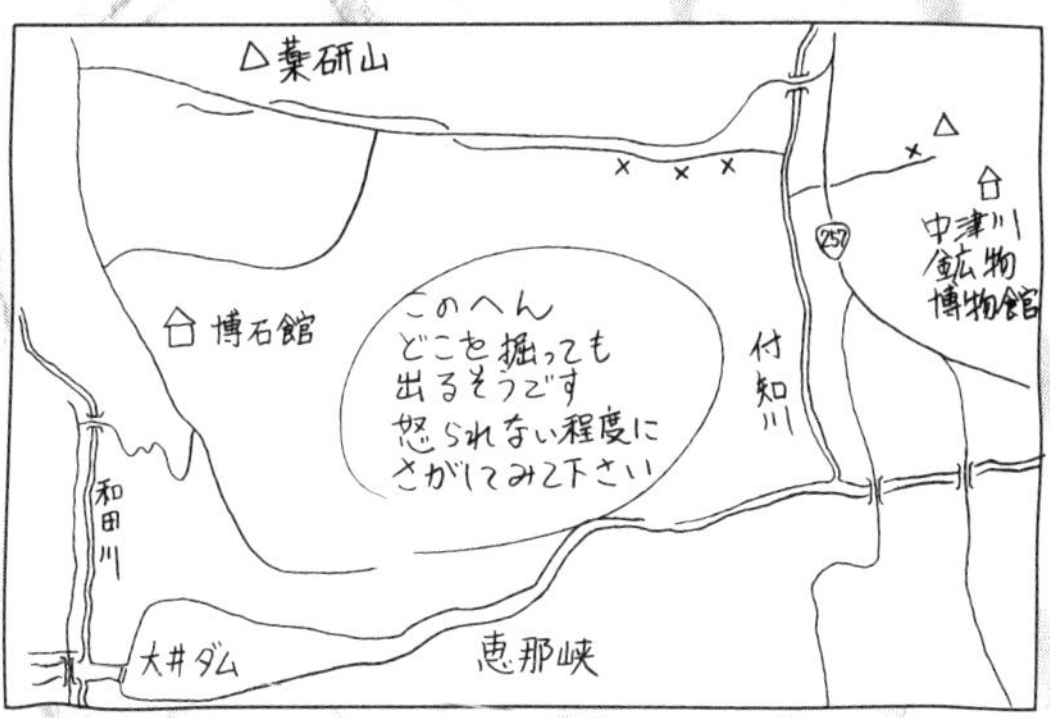

この高取鉱山と錫高野は同じ山の西側と東側に位置しており、出てきている石は同じもの。ここでも2センチほどのトパーズが採集できます。もちろん水晶やほかの石もたくさん採集できる楽しい場所です。

最近錫高野に行った人の話では、ほとんど人の手が着いていないズリがたくさん残っているとのことですので、いろいろと期待できます。私も早く行ってみたい。

トパーズの産地・錫高屋

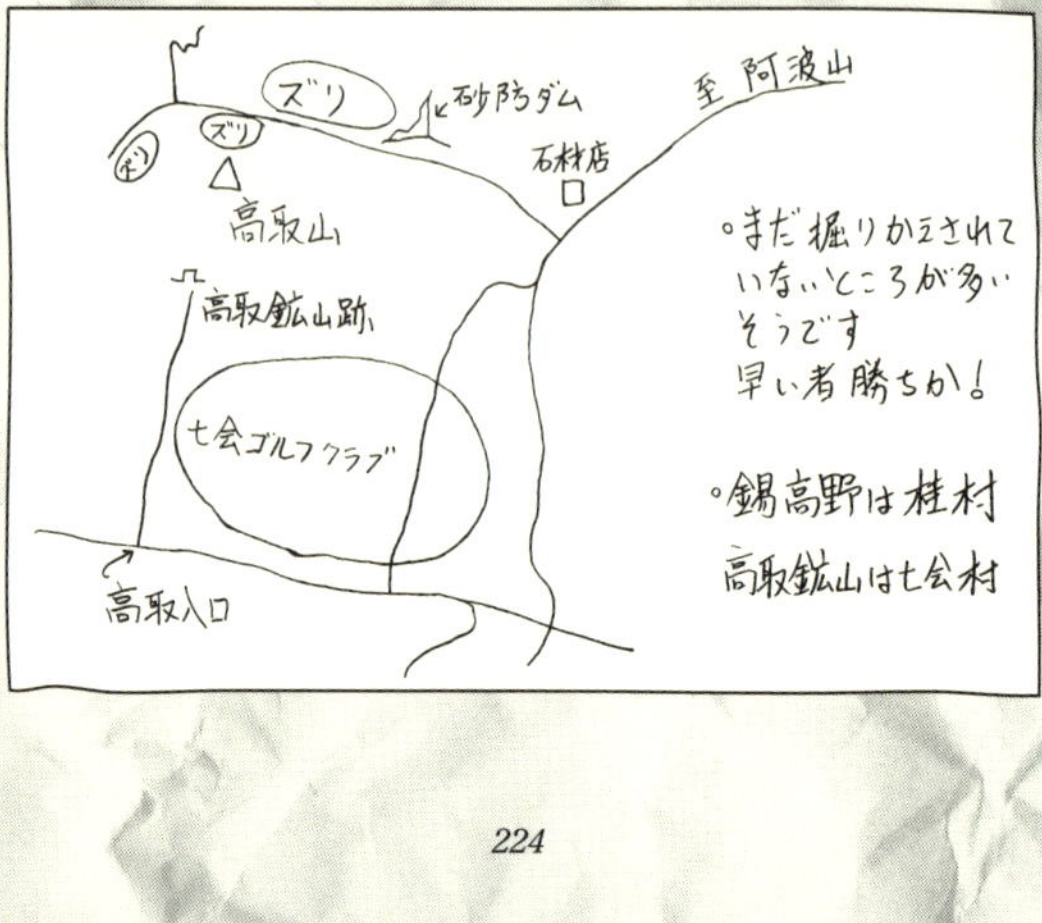

ガーネットを採りに行こう

宝石店で見るガーネットはあまり好きではありませんが、自分で採集したガーネットの原石は大好きです。産地により状況は違いますが、二四面体のコロッとした結晶が篩いがけのフルイの中に現れたときのうれしさといったらありません。ぜひこの結晶を手にしてください。

愛知県設楽群田口鉱山跡

この産地はルビーのように赤いパイロクスマンガン石が採集できることで有名なため、ガーネットの影が今ひとつ薄いのですが、褐色から赤のスペサルティンがしっかり採集できます。

車を停めてからズリまでわずか5分。非常に行きやすいこの場所は、ときに家族でいらっしゃる方もあるくらいです。ただし、ズリは急斜面であるため石を転がして下にいる人にぶつかるとケガではすみませんし、足を滑らせて自分が転がっていっ

スペサルティンの産地・田口鉱山跡

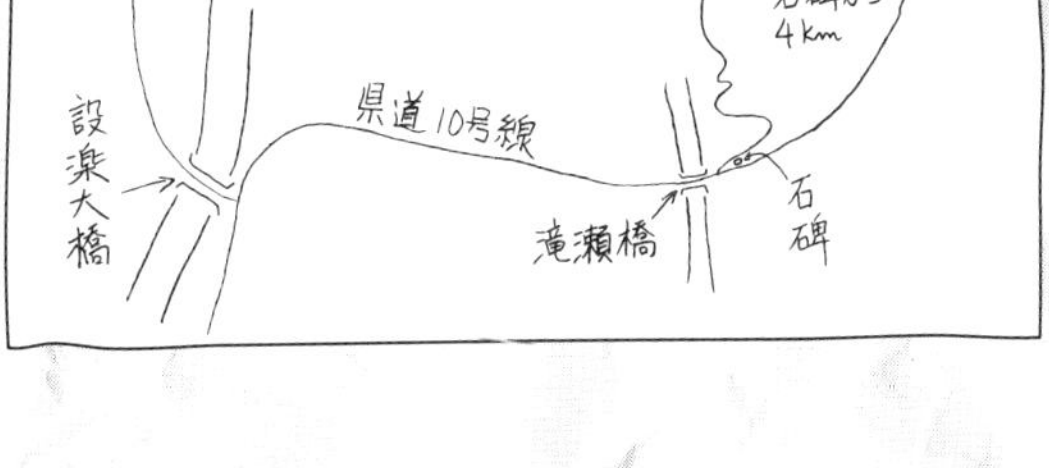
至恵那
257
○ズリは急斜面
○不安定な足もとに要注意
○旧鉱道は危険すぎ入ってはいけません
ズリは2段になっています
至津具
バス停のように広くなっている。石碑から4km

てしまえばマヌケ以外の何者でもありません。どこでもそうですが安全第一を心がけてください。

滋賀県伊香郡西浅井町小ッ組

見つけてしまえば簡単な場所だったのですが、見つけるまでにこんなに大変な思いをした所はほかにありません。

琵琶湖畔を行ったり来たり、別荘地の奥まで入っていきずっとバックで戻ってきたり、挙げ句の果てには途中で道を聞いたホテルの従業員にまったくのウソを教えられ、クマのいる山の中を二時間以上も藪コギする羽目になってしまいました。

結局何が悪かったのかというと、参考にした関西地学の旅という本の地図が違っていたという根本に問題があったのです。最後には何とか場所を見つけることができたのですが、四時間も無駄な時間を費やしてしまいました。しかもクマの恐怖と戦いながらです。

本になっているからといって素直に信用するととんでもないことになってしまうのですね（この本の地図だって信用できる

アンドラダイトの産地・小ツ組

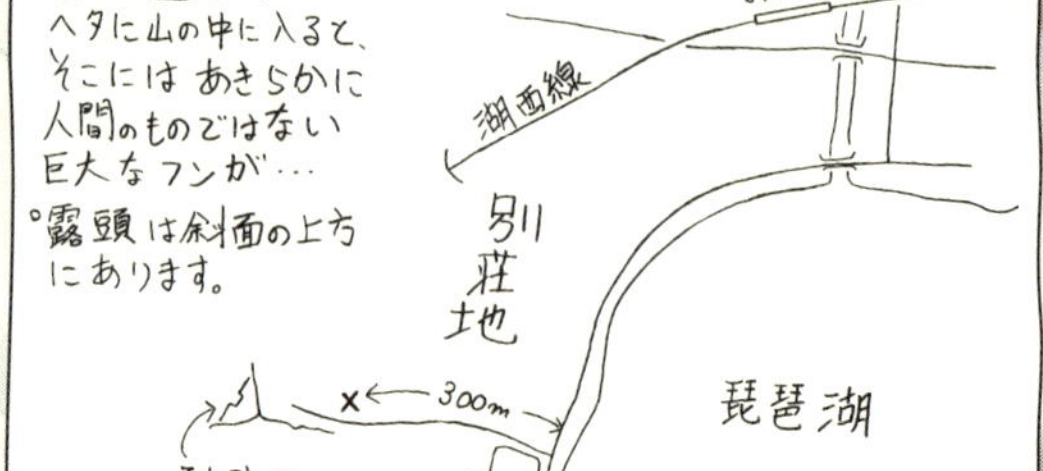

・道を間違えて、
ヘタに山の中に入ると、
そこにはあきらかに
人間のものではない
巨大なフンが…
・露頭は斜面の上方
にあります。
ながはら
湖西線
別
荘
地
琵琶湖
300m
砂防ダム
ホテル
至マキノ

かどうか……!?)。

さて、ここで採集できるガーネットはアンドラダイトです。褐色から薄い緑のガーネットは正直いってあまりきれいではありません。巨大な固まりもコロゴロしていますが、宝石かといわれると「ただの石だよな」という感じです。よってここでの採集は純粋な鉱物採集になります。

これだけ苦労したにもかかわらず、私は「一回行ったからもういいや」という感じなのです。

エヘヘヘへ、これじゃあ行くなって言っているようなものですね。産地紹介にならないや。

日本でも採れる良質のヒスイ

日本で採れる宝石として全国的に有名なヒスイ。実はかなり高品質な逸品を見つけることが可能です。

富山県下新川郡朝日町宮崎海岸

姫川と青海川から日本海に流れ出たヒスイが、海流に流され宮崎海岸に流れ着きます。新潟県の糸魚川市から宮崎海岸までの一帯にヒスイは流れ着くのですが、最近は宮崎海岸の方が見つかる確率が高いようです。

多くの人がこの宮崎海岸にヒスイを探しに行くのですが、見事ヒスイを探し当てることのできる人はめったにいません。しかし、それはヒスイを知らずにただ漠然と探しているからなのです。

ヒスイはほかの鉱物と違い細かい結晶が絡みついてできているため、形で判断することはできず、色と手触りだけで探しま

ヒスイの産地・宮崎海岸

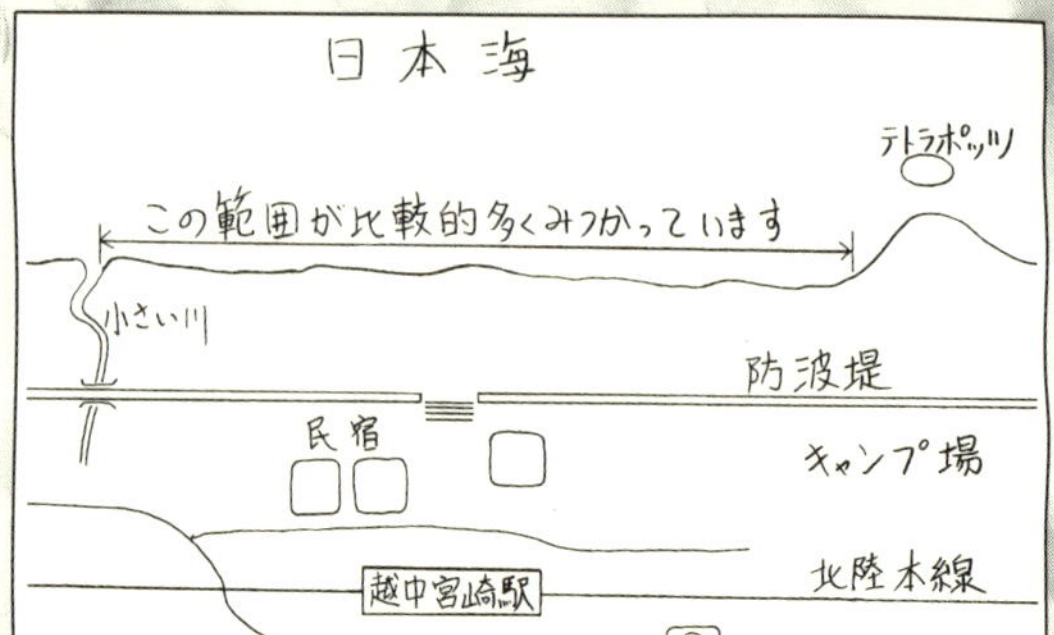

す。

しかもヒスイの色はほとんど白、それほどヒスイに詳しくない人はみんな緑だと思って探すわけですから見つからないのも当然です。

ここで、地元でいわれているヒスイの見つけ方を5つ紹介します。

1 ヒスイの色は白

純粋なヒスイは白です。この海岸で採集できるヒスイは、白が90パーセント、残りの10パーセントの中に、紫色のラベンダーヒスイ、青色ヒスイ、黒ヒスイ、赤、オレンジ、黄……と、多くの色があります。その中でもラベンダーヒスイは比較的見つけやすく、またわずかですが緑色のヒスイもちゃんとあります。

2 真ん丸ではない

河川の激流に流され日本海の荒波にもまれれば、たとえダイヤモンドでも真ん丸になってしまいそうですが、ヒスイはダイヤモンドに比べ何百倍も割れにくいため、せいぜいちょこっと角が取れるくらいなのです。よって真ん丸のおむすび形か碁石形になっている石は、どんなに綺麗に見えてもヒスイではありません。

3 手触りが非常になめらかで、キュッと吸い付くような感じ

あくまでも感覚ですが、このように表現する人が多くいます。普通のスベスベした石と本物のヒスイを触り比べてみれば、その違いはすぐにわかります。ただし、必ず触り比べてみなければなりません。

4 味の素のような結晶が見える

誰が見ても味の素というしかない決定的なヒスイの証拠です。光を反射させて、それが見えれば間違いなくヒスイです。ところがこの結晶は良質のヒスイになればなるほどキメが細かくなるため見えなくなってしまいます。そして、まるでオブラートの表面のような反射になります。

5 見た目より重い

これもよく言われることなのですが、「重いよ」と言われてもてばどの石も重いと感じるのではないでしょうか。たとえば1個だけを拾い上げて、それが見た目より重いかどうかなんて普通はわかりません。これはあんまりアテにならないです。

ヒスイを探している地元の人も大勢いますが、地元だからといってヒスイのことをよく知っているかというと意外とそうではありません。本当に名人といえるような人は一〇人もいないのではないでしょ

うか。

ヒスイと間違いやすい石を地元ではキツネ石と呼んでいますが、そのキツネ石を一生懸命集めて、「どうだ!」と自慢している人も大勢います。

また、地元の人は「金になる」という理由からヒスイを集めている人がほとんどです。よって難しい話は御法度。さらに、「そんなカスみたいなヒスイ、拾ってもムダ」と平気でいう人もいます。もし、そんな人に出会っても腹を立てないでくださいね。そういう人もいるということで聞き流しましょう。

金を採りに行こう

「金銀取りに佐渡生野」というように、遥か昔に江戸時代の金山銀山の名前を憶えたものですが、今の日本で金の採掘は行われておりません。

採掘をしていないというのは、金がでないからではなく、あくまでも商業的に成り立たないというだけの話です。

それならば、自らの手で金を採りに行こうではありませんか。どれだけ採れるかわかりませんが、これまで1キログラム以上もある砂金も見つかったことがあるくらいなのですから、期待は膨らみます。

（砂金は砂粒と同じ大きさ。それ以上になるとナゲットと呼びます。1キロ以上の場合はなんて呼べばいいのかな。）

砂金と山金

金は砂金もしくは山金という状態で産出します。金を採りにいくならば砂金を狙いましょう。砂金は一番見慣れた金の採集方法。しかしこの砂金、金としてはなかなか優れものなのです。

鉱物の中に含まれた形で産出する山金の純度は18金以下、それに対して砂金は約22金。砂金の方が見つけやすい上に純度が高いのですから、これはやらないわけにいかないでしょう。

そこで問題になるのはどこで砂金は採れるのかということです。有名どころでは岐阜県壮川村の六厩川、山梨県大月市の浅利川などがあります。余談ですが、私が六厩川に行ったとき、地元のおじいさんに「そんなもん昔の話じゃ、今更あるわけねぇ帰れ帰れ」と追い返されそうになったことがあります。もちろんそんなことにめげることなく頑張ってはみたのですが、結果はそのジーサンが言ったとおりで……、トホホホ。

さて、砂金のとれる場所は日本全国、意外と多いようです。有名どころは大勢の人によりすでに取り尽くされている可能性がありますから、あまり有名でないところを探してみましょう。

過去上流に金山があった川や沢

現在稼働していない鉱山は、いくら地図を見ても標はついていません。そこでインターネットで検索してみると、旧金鉱山跡の場所がわらわらと出てきます。そこには必ず金山から流れ出た砂金があるはずです。植物の根っこについた土などを椀がけしましょう。金は重いですから椀に最後まで残った光る粒が砂金です。

金にちなんだ地名

金はひっそりと誰にも知られないように採掘されてきました。そのため鉱山として採掘していたという記録自体が残っていない場所がたくさんあるのです。そのようなところを見つけることができたならば、もしかしたらザクザクと砂金が採れるかもしれません。

さて、問題はその場所をいかに見つけるかということですが、名前に金の文字がついている地名や山を探してみてください。その場所はその可能性が大です。

しかし、大当たりならば結構なのですが、ハズレることも多いと思いますから、お気軽にどうぞというわけにはちょっといかないですね。

なんだかんだいっても有名どころ

有名どころが有名であるゆえんは、大勢の人がいくら採りに来ても金がなくならないからということです。そこへ行ったなら必ずお仲間もいるはずですから、いろいろ教えてもらうこともできるでしょう。

茨城県の栃原金山や新潟県の佐渡金山は観光で椀がけができますから、まずはそこで練習というのもよさそうです。

あとがき

日本には宝石の歴史がありません。

卑弥呼がいたといわれている古事記の時代に、ヒスイなどは権力の象徴として存在はしていました。しかし、平安時代になると日本人は「雅《みやび》」に価値を見いだし、宝石を忘れ去ったのです。そして二一世紀。一〇〇〇数百年の空白を埋めるように、街には宝石があふれています。

それでも、日本における宝石の歴史は一〇〇年未満。これでは歴史がないといわざるを得ません。歴史がないのですから、それに伴う文化が育っていないのも仕方のないことです。もちろん、そのぶん「雅」の文化は世界に誇ることができます。

では「文化とは何か?」というと、それは生活への密着度ではないかと考えます。しかし、現在の日本人の生活に、宝石はほとんど関係がありません。もし、今この瞬間に宝石が消えてなくなっても生活には何の影響もないでしょう。欧米人と違い多くの日本人には宗教的な意味合いもないわけですから、それは当然です。

また、経済的な流通としても、宝石は他の商品とは違い、売ろうと思っても売ることができません。車だったら下取りや買い取り専門店、本だったら古本屋、ゲームだったら中古ソフト屋に行けばいいのですが、ダイヤモンドを売ろうと思っても持っていくところなんてどこにもありません。質屋? 高級リサイクル店？　確かに買い取ってくれるとは思いますが、いったいいくらだと思います？　ハッキリ言いますけど、一〇〇万円のダイヤモンドでも一万円程度だと思います。さらにいうと一〇〇〇万円のダイヤモンドだったとしても同じようなものです。

ビックリです。例えば、三〇〇万円の自動車だったなら、一年後に売ったとしても一五〇万円くらいにはなります。そして、それをもとに次の車を買ったりするわけですが、もし買った瞬間に価値がゼロになるとしたら、怖くて車なんて買う人は誰もいなくなってしまいます。そんな状況で車を買ったならば、売ろうなんてことは絶対に考えません。ボロボロになって動かなくなるまで乗りつぶそうと考えるに決まっています。少なくとも私はそうします。

現在宝石は、こういう状況にあるんじゃないかと考えるわけです。

日本では宝石に二次流通はありません。二次流通が見込めないのですから、買い取る方は慎重になります。よって、一〇〇万円の石だろうが一〇〇〇万円の石だろうが、買い取り価格は一万円、よくても三万円にしかならないのです。

よって、日本にいる限りは、たとえどんな宝石を持っていても、その資産的価値はないに等しいといえるでしょう（って、それをいっちゃあ、おしめーよ）。

日本における宝石の文化は、一〇〇年二〇〇年という時間をかけて、これからみなさんが作っていくものなのです。

さて、本書はすべて私自身の経験のような書き方をしておりますが、九割がカミさんである辰尾くみ子の経験を書いています。よって、真の著者はカミさん。ゴーストライターならぬゴーストオーサです。

執筆は、文章を書くことが苦手なカミさんがペラペラしゃべることを、私が必死に書き留め文章にしていくというスタイルで進めました。

ところが、しゃべってくれないのです。「おなかがすいているからしゃべれない」だの、「肩が凝っているから気分がのらない」だの。締め切りは迫る、空白は埋まらない。そんな状況を知ってか知らずか、思う存分やってくれました。

本書を書くにあたって何が大変だったかと問われれば、カミさんの取り扱いが一番大変だったと答えることは間違いありません。

最後に、本書の趣旨をご理解していただき宝石の写真を提供していただいた㈱エル・サカエ様と、原石の写真を提供していただいた、石仲間である〝すかーれっと〟こと田中康弘様（Materials Mine Museum）、Saruneko様（Saruneko collection）、ダイヤモンドの原石、鑑定書については、GIA JAPANから提供いただきました。感謝いたします。

そして、とりとめのない内容をしっかりと編集していただいた築地書館の稲葉将樹様に心よりお礼申し上げます。

参考図書

『楽しい鉱物学』(1990)　堀秀道　草思社
『楽しい鉱物図鑑』(1992)　堀秀道　草思社
『鉱物採集フィールドガイド』(1982)　草下英明　　草思社
『地球の宝探し』(1998)　日本鉱物倶楽部編　海越出版社
『宝石』(1993),『宝石２』(1997)　諏訪恭一　世界文化社
『宝石の常識シリーズ』(2001～2003)　岡本憲将　双葉社
『とっておきのヒスイの話』(2000)　宮島　宏　フォッサマグナミュージアム

著者略歴

辰尾良二(たつお　りょうじ)

富山県滑川市生まれ。富山市在住。学習塾「富山学習進学会」代表。

日本大学理工学部を大学の厚意により卒業。

千葉県在住中に結婚した鉱物収集が趣味の妻くみ子に「男子一生の夢は宝探し以外にあらず」と豪語され、なぜか納得。鉱物採集を開始する。

アウトドア雑誌『BE-PAL』(小学館)に、「週末は婦唱夫随の宝探し」の題名で、鉱物採集紀行を連載(2004年10月号～2005年8月号)。

宝石・鉱物おもしろガイド

2004年8月20日　初版発行
2012年9月10日　7刷発行

著者　辰尾良二
発行者　土井二郎
発行所　築地書館株式会社
〒104-0045
東京都中央区築地7-4-4-201
☎03-3542-3731　FAX03-3541-5799
http://www.tsukiji-shokan.co.jp/
振替00110-5-19057
印刷
製本　株式会社シナノ
装丁　ペーパーインク・デザインサイクル

©Ryoji Tatsuo 2004 Printed in Japan　ISBN 978-4-8067-1292-3 C0044

・本書の複写にかかる複製、上映、譲渡、公衆送信（送信可能化を含む）の各権利は築地書館株式会社が管理の委託を受けています。
・JCOPY〈（社）出版者著作権管理機構 委託出版物〉
本書の無断複写は著作権法上での例外を除き禁じられています。複写される場合は、そのつど事前に、（社）出版者著作権管理機構（電話 03-3513-6969、FAX 03-3513-6979、e-mail : info@jcopy.or.jp）の許諾を得てください。

くわしい内容はホームページで。URL=http://www.tsukiji-shokan.co.jp/

築地書館の本

《価格・刷数は2006年7月現在》

週末は「婦唱夫随」の宝探し

宝石・鉱物採集紀行

辰尾良二・くみ子［著］　1600円＋税

BE-PALで人気のお宝探しエッセイ、ついに単行本化！！
宝石好きのアナタも、鉱物愛好家も必読!!

本でみる化石博物館

産地別 日本の化石800選

産地別 日本の化石650選

大八木和久［著］　各3800円＋税

日本全国を38年間にわたって歩きつくした著者が、自分で採集した化石9000余点の中から厳選し、カラーで紹介。産地・産出状況など、化石愛好家がほんとうに知りたい情報を整理した化石博物館。

【本書の５つの特徴】

①フィールドで使える図鑑。②著者自身が35年かけて採集・クリーニングした化石コレクションをオールカラーで紹介。③産地別・時代別に化石を配列。④採集のときに役立つ産地情報を掲載。⑤クリーニングのポイントをアドバイス。

日曜の地学シリーズ

各1800円＋税

身近な自然のなりたちがわかれば、もっと楽しい。
読んで、歩いて、なっとく。
フィールドガイド決定版！

地質、化石、鉱物、生物などをコース別に紹介します。

①埼玉［新訂版］／**②青森**［新訂版］／**④東京**［新訂版］／**⑤群馬**
⑥北陸／**⑧茨城**／**⑬静岡**［新訂版］／**⑭沖縄**［増補版］／**⑰愛媛**
［改訂版］**⑲千葉**／**⑳神奈川**［新訂版］／**㉑佐賀**／**㉓鳥取**